Nérée Dr Onguene Awana

Cogumelos cultiváveis dos Camarões

Nérée Dr Onguene Awana

Cogumelos cultiváveis dos Camarões

Cultivo de cogumelos em casa com cartão

ScienciaScripts

Imprint

Cover image: www.ingimage.com

This book is a translation from the original published under ISBN 978-620-6-72444-5.

Publisher:
Sciencia Scripts
is a trademark of
Dodo Books Indian Ocean Ltd. and OmniScriptum S.R.L publishing group

120 High Road, East Finchley, London, N2 9ED, United Kingdom
Str. Armeneasca 28/1, office 1, Chisinau MD-2012, Republic of Moldova, Europe
Printed at: see last page
ISBN: 978-620-8-34067-4

Conteúdo

Dr. ONGUENE AWANA NEREE, Ph.D.

Dedico este livro "**Champignons comestibles et cultivables du Cameroun: Myciculture a la maison avec du carton**", às comunidades rurais, bantu e indígenas, Awing, Baka e Bagyeli, das seguintes localidades: Awae, Akom II, Balingham, Bantum, Batibo, Buea, Bityili, Dschang, Ebom-Essawa, Ebimimbang, Efok, Esse, Fokoue, Fongo-Tongo, Foumban, Fomamelont, Fundong, Gribe, Kiki, Lobo, Lolodorf, Loum, Marova, Mefomo, Mundemba, Mvaa, Ndonko, Nkolondom, Nlong-Ngoulemekong, Nyangong, Obala. Okola, Tchekos... das regiões Centro, Este, Hauts Plateaux, Oeste, Sul e Sudoeste, que me acolheram, acompanharam e apoiaram na identificação dos cogumelos silvestres comestíveis que fazem parte da sua alimentação. Ensinaram-me os seus conhecimentos e competências etnomicológicas. Muitos cientistas também

me guiaram e acompanharam na produção deste compêndio micológico dos Camarões. Que todos eles aceitem, humildemente, a expressão da minha mais profunda e sincera gratidão.
A minha família, co-construída com a minha mulher, juntamente com os nossos filhos - Christelle Yolande, Patrick Stephane, Marylin Linda, Neree Joel e Ronald Brice - e os nossos netos, Aimee Gabriella, Emmanuel Benoit, Ethan Elisee, Julien Elie, Neree Job e Rosa Isaline - merecem uma dedicação extraordinária neste livro. Em agosto de 2020 e abril de 2023, "*não passaram do outro lado da estrada, como o sacerdote e o levita da Bíblia,* quando *as complicações da diabetes me abandonaram na estrada, amputando-me o pé esquerdo e o direito a meio da perna, como o atacante e o corpo. Deram-me a mão, empurraram a minha cadeira de rodas e deram-me banho como a criança em que me tinha tornado...*". A minha eterna gratidão!
Este livro destina-se a engenheiros agrícolas, estudantes, professores, investigadores, cultivadores de cogumelos, reformados e ao público em geral. Foi escrito para as gerações actuais e futuras, para lançar luz sobre a grande diversidade de cogumelos cultiváveis comestíveis nas florestas naturais dos Camarões e da África Central, que é pouco conhecida e pouco estudada. [e]Faz o ponto da situação dos conhecimentos micológicos no início do século XXI e à luz das alterações climáticas. [e]Qual será o estado da diversidade de fungos comestíveis e cultiváveis nos Camarões em meados do século 21, sob o duplo impacto do homem e do clima?
O objetivo deste livro é, portanto, contribuir para a preservação da biodiversidade e para o cultivo de cogumelos pelo maior número possível de pessoas, devido à sua tripla importância: nutricional, medicinal e económica.
A perfeição não é deste mundo. Por isso, o autor pede desde já a vossa compreensão para as poucas omissões tipográficas e erros gramaticais não intencionais que se introduziram nesta obra, 9a e la.

Cerce Onguene Awaia

PREÂMBULO

No contexto da realização da Emergência dos Camarões em 2035, o cultivo de cogumelos em pequena escala (Micicultura) deve ser parte integrante da Agricultura de Segunda Geração. A micicultura é vital para a conservação da biodiversidade. É também um modelo de sucesso para a descentralização da estratégia de desenvolvimento.

No mundo atual, os cogumelos são um alimento saudável fiável, rico em proteínas, vitaminas e minerais necessários para a nutrição e a saúde e uma fonte de rendimento para as comunidades locais. O cultivo de cogumelos em casa, utilizando cartão, proporcionará um rendimento adicional às mulheres agricultoras e oportunidades de emprego lucrativas para donas de casa, mães solteiras e jovens urbanos e rurais desempregados. Trata-se de uma atividade de interior que requer pouco capital, espaço, tempo ou mão de obra. A micicultura caseira com cartão é uma fonte de criação de emprego facilmente realizável, dada a grande diversidade de cogumelos comestíveis e medicinais nos Camarões.

Na maior parte da zona rural dos Camarões, os cogumelos silvestres comestíveis não precisam de ser introduzidos. São alimentos muito apreciados nas comunidades rurais. Durante anos, vários grupos étnicos, com os seus conhecimentos e saberes tradicionais (heranças bioculturais), têm estado envolvidos na colheita e consumo de cogumelos. Nos vários dialectos locais, os cogumelos comestíveis são conhecidos por diferentes nomes genéricos, tais como "*Vio*" (Bulu, Ewondo e Fang), "*Pu'o*" (Bamileke), "*Pu'o shit*" (Bamoun), "*Dougolis*" (Yambassa), "*Mbel*" (Eton, Manguissa), "*Mocelele*" (Baka), "*Puhno*" (Awing), etc. Na maioria das aldeias dos Camarões, as colheitas de cogumelos comestíveis ainda são endémicas, particularmente durante as estações chuvosas. O aparecimento sazonal de cogumelos comestíveis limita severamente o seu consumo regular e a sua comercialização (Dijk et al. 2003; Onguene 2023a, b; Onguene 2024a, b).

A grande maioria dos cogumelos consumidos nos Camarões frutifica na natureza, nos Camarões, apenas durante a estação das chuvas. Na natureza, um certo número de espécies de cogumelos frutifica durante a estação das chuvas, em quase todos os tipos de solo, matéria orgânica em decomposição, cepos de madeira, na proximidade de termiteiras e sob a copa de determinadas espécies de árvores em florestas primárias nas regiões Este, Sul e Sudoeste.

O consumo de cogumelos comestíveis silvestres evita, de forma esporádica e imprevisível, a insegurança alimentar nas zonas rurais durante os períodos de escassez de alimentos. Isto exige a promoção da micicultura para todos, a fim de garantir uma segurança nutricional sustentável, melhorar os meios de

subsistência e capacitar as mulheres e os jovens nos Camarões.
Os Camarões têm tudo o que é necessário para se tornarem o **centro de cultivo de cogumelos** da África Central. O clima é ideal para a cultura de cogumelos, com uma vasta gama de cogumelos comestíveis e cultiváveis. Os recursos naturais dos Camarões incluem mais de uma dúzia de espécies locais de Pleurotes, o cogumelo mais fácil de cultivar. O clima variado, com uma temperatura média de 20-35°C e elevada humidade, os mercados locais prontos e o acesso aos mercados dos países vizinhos dão aos Camarões a vantagem de se desenvolverem como um centro de cultivo de cogumelos comestíveis.
Contudo, a falta de conhecimentos sobre o cultivo de cogumelos nas aldeias e no campo, a indisponibilidade de material genético de qualidade e adaptável, o fornecimento irregular de semente de plântulas de qualidade, a falta de competências no cultivo, transformação e comercialização de cogumelos comestíveis, etc., constituem constrangimentos ao desenvolvimento em grande escala do cultivo de cogumelos nos Camarões.
Em quase todas as comunas territoriais descentralizadas, muitas pessoas, desde funcionários públicos reformados e mulheres agricultoras a donas de casa, mães desempregadas e jovens, estão dispostas a dedicar-se à micicultura.

INTRODUÇÃO

O mundo misterioso e diversificado dos cogumelos encanta o leigo, cativa o cientista, encanta os amantes da natureza e delicia o paladar do gourmet. Vindos das profundezas do tempo - o mais antigo cogumelo fossilizado, *Ourasphaira giraldae,* tem cerca de mil milhões de anos - os cogumelos são organismos de uma classe própria, híbridos da natureza na fronteira entre o mundo animal e o mundo vegetal. Os fungos pertencem ao reino Mycetes. Têm origem em esporos, desenvolvem-se em micélio e crescem para desenvolver esporóforos com himénio (camada fértil do micélio dos fungos que produz esporos). Multiplicam-se em vários habitats numa dezena das formas morfológicas mais inesperadas.

Por mais fascinantes que sejam, os cogumelos não estão isentos de perigo para o neófito que, da exploração despreocupada da vegetação rasteira, dos campos agrícolas, dos pousios e da floresta densa, passa à apanha, à confeção e à degustação. Alguns cogumelos são letais, outros apenas tóxicos, e todos os anos muitos acidentes são causados pelo consumo do tipo errado de cogumelos, devido à ignorância e ao descuido.

O objetivo deste livro, "**Champignons comestibles et cultivables du Cameroun: Myciculture à la maison avec du carton**" (**Cogumelos comestíveis e cultiváveis dos Camarões: Micicultura em casa com cartão**), é reunir um vasto leque de conhecimentos, claramente expostos, capazes de satisfazer o investigador micológico, os estudantes, os professores, as populações florestais e os simples curiosos. Para o efeito, foi necessário respeitar as normas rigorosas de um trabalho científico, evitando uma linguagem hermética conhecida apenas pelos iniciados. O objetivo era também criar um instrumento de trabalho e de entretenimento imediatamente legível, graças a um layout simples e original, e torná-lo atraente para todos, com uma abundância de iconografia cuidadosamente elaborada e perfeitamente adaptada à realidade científica em todos os seus pormenores. São estes os critérios a que obedecem as mais de 300 fotografias, desenhos e esquemas que ilustram este livro.

O desejo de produzir uma obra original e completa, e o desejo de a apresentar de forma atraente para a vista e para o espírito, requerem um plano judiciosamente concebido, assim como uma seleção intransigente de informação. O capítulo 2 dos cogumelos cultiváveis dos Camarões, que constitui a parte central deste livro, tem como objetivo dar uma visão geral sintética. Abrange mais de 80 espécies de cogumelos cultiváveis, as mais representativas das florestas naturais dos Camarões.

O objetivo deste livro é modesto. Não tem como objetivo permitir o reconhecimento de todas as espécies de cogumelos cultiváveis. O seu objetivo é apenas apresentar algumas espécies de cogumelos comestíveis cultiváveis das florestas naturais dos Camarões. Este livro permitirá a todos os cultivadores de cogumelos, jovens e velhos, identificar facilmente os cogumelos cultiváveis.

O QUE É UM COGUMELO?

O que as pessoas comuns chamam "Cogumelos" é simplesmente o recetáculo do aparelho reprodutor do "*Fungo*" que produz e espalha os seus esporos, a sua semente. Este recetáculo é designado por **esporóforo** ou carpóforo.

Os "fungos" são uma classe muito grande de organismos e a sua estrutura é comparável à das plantas. No entanto, como não possuem clorofila, não conseguem produzir os compostos de carbono essenciais à vida. Por conseguinte, tal como os animais, retiram os seus nutrientes de plantas vivas ou mortas e até de animais. Um *fungo* começa com filamentos muito finos de comprimentos variáveis chamados **hifas**. Estes filamentos mais ou menos desenvolvidos e ramificados, como uma asa de aranha, chamam-se **micélio**. O micélio penetra no solo ou no organismo hospedeiro para alimentar o fungo. O micélio é extremamente fino e muitas vezes só pode ser visto com o auxílio de um microscópio. Para produzir o esporóforo, dois micélios da mesma espécie unem-se, o que equivale a uma fase de reprodução sexuada. Quando estão reunidas as condições adequadas - nutrição, humidade, temperatura e luz - o esporóforo forma-se a partir de dois tipos de órgãos:

- **Basidiomicetos**, que libertam os seus esporos e
- **Ascomicetes** que libertam os seus esporos.

No grupo dos Basidiomycetes, os esporos desenvolvem-se na extremidade de células especializadas, os **basídios**, que se desenvolvem na superfície de lamelas, tubos ou outros tipos de órgãos. Quando maduros, os esporos destacam-se dos basídios e são normalmente dispersos pelo vento. A maioria dos fungos descritos neste livro pertence a esta classe, incluindo os Agarics lamelados, Boletes, Polypores e fungos Gelatinosos.

  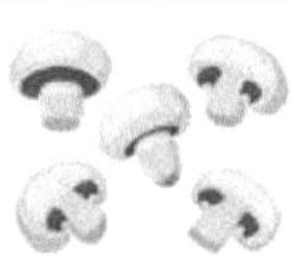 

Os ascomicetes lançam os seus esporos. Os esporos dos fungos desta classe são formados em **ascos**, que são sacos ou bolbos em forma de frasco. Quando os esporos estão maduros, são lançados através de uma abertura na ponta da asca. As morcelas e as trufas, que não existem na África tropical, pertencem a esta classe.

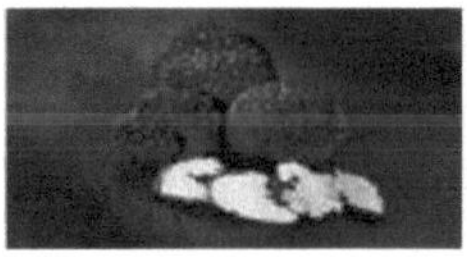  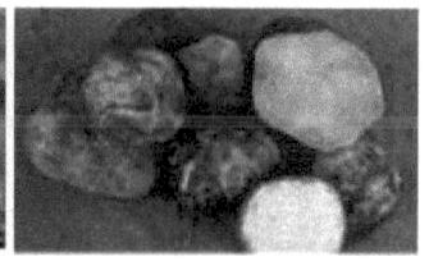

O QUE É UM COGUMELO CULTIVÁVEL?

Um cogumelo cultivável é um cogumelo comestível com um chapéu e um caule que não é produzido em terras aráveis, mas em edifícios especiais (casas de cogumelos) ou instalações subterrâneas (tais como caves ou grutas) que podem ter sido especialmente construídas ou adaptadas para este fim.

Os cogumelos comestíveis e cultiváveis frutificam naturalmente em vários substratos orgânicos, tais como **madeira decomposta**, folhada de micélio aéreo de fungos, palha, pergaminho de café e fibras de sementes de palma cozidas, etc. [1]São também conhecidos como **fungos** saprotróficos . Por exemplo, *o Lentinus edodes* é atualmente o principal cogumelo comestível cultivado no mundo, representando cerca de 22% da oferta global. *Lentinula* e quatro outros géneros, *Pleurotus*, *Auricularia*, *Agaricus* e *Flammulina*, representam 85% da oferta mundial total de cogumelos comestíveis cultivados (www.wikipedia.org em 24 de abril de 2024). As estirpes das últimas quatro espécies de cogumelos ocorrem naturalmente nas florestas naturais dos Camarões.

Os cogumelos silvestres comestíveis não só são altamente nutritivos, como também são fontes alimentares sustentáveis que podem ser cultivadas com recursos mínimos. Além disso, os cogumelos comestíveis são considerados fontes ricas de uma gama diversificada de compostos bioactivos, tais como polissacáridos, proteínas biologicamente activas, pequenos compostos antioxidantes, terpenóides e esteróis. Isto torna-os medicamente importantes como agentes terapêuticos no tratamento de uma série de doenças, incluindo cancro, diabetes e doenças cardíacas. Os cogumelos comestíveis têm sido essenciais para a cultura humana desde os tempos antigos. Em todo o mundo, são apreciados pelos seus benefícios nutricionais e terapêuticos. Reconhecidos

[1] **Os fungos saprotróficos** são fungos que vivem e se alimentam de matéria orgânica morta e em decomposição. matéria orgânica em decomposição. Os seus esporóforos frutificam em substratos orgânicos utilizados para o seu cultivo.

como os "**novos superalimentos** do futuro", os cogumelos comestíveis são alimentos essenciais na dieta humana para melhorar a saúde e o bem-estar.
Os cogumelos comestíveis têm propriedades antioxidantes, antimicrobianas, anticancerígenas, probióticas, antidiabéticas e anti-inflamatórias, oferecendo um grande potencial terapêutico e um vasto espetro de aplicações clínicas. A vasta gama de compostos bioactivos inclui: polissacáridos, complexos proteicos e peptídicos, terpenóides e compostos fenólicos. Dotados de uma grande quantidade de nutrientes e de inúmeras biomoléculas de valor terapêutico, os cogumelos comestíveis são internacionalmente apreciados e considerados como o maior recurso mundial inexplorado de suplementos alimentares. Nos últimos anos, devido a mudanças significativas em estilos de vida mais saudáveis, práticas dietéticas de indivíduos e consumidores que optam por suplementos de reforço imunitário, especialmente durante a pandemia de COVID-19, a procura de nutracêuticos e alimentos funcionais à base de cogumelos está a aumentar (Kour et al. 2020; Kumar 2021).
Os fungos são chamados macrofungos porque pertencem aos membros dos fungos superiores. Estão incluídos em duas classes, os Ascomicetes e os Basidiomicetes. Têm um modo de nutrição heterotrófico. Existem mais de 250 espécies de fungos em todo o mundo. Algumas delas são espécies comestíveis e cultiváveis, tais como : *Agaricus bisporus, Agaricus brasiliensis, Agrocybe aegerita, Auricularia auricular, Auricularia cornea, Auricularia polytricha, Auricularia mesenterica, Auricularia fuscosuccinea, Agrocybe cylindracea, Agaricus arvensis, Armillariella mellea, Agaricus silvicola, Agaricus silvaticus, Agaricus romagnesi, Antrodia camphorate*, *Cerrena unicolor, Coprinus comatus, Dictyophora indusiata, Flammulina velutipes* (branca), *Flammulina velutipes* (amarela), *Inonotus obliquus, Ganoderma lucidum, Ganoderma tsugae, Grifola frondosa, Ganoderma applanatum, Geastrum arenarius, Geastrum saccatum, Ganoderma atrum, Hericium erinaceus, Hericium coralloides, Hygrophorus agathosmus, Hypsizigus marmoreus, Hypholoma fasciculare, Helvella crispa, Lepista nuda, Lentinus edodes, Lentinus sajor-caju, Laetiporus sulphureus, Lycoperdon molle, Lycoperdon perlatum, Macrolepiota procera...* A maioria destas espécies de cogumelos comestíveis e cultiváveis encontra-se nas florestas naturais dos Camarões. Isto exige a conservação dos ecossistemas florestais naturais dos Camarões para as gerações actuais e futuras. Uma forma segura de os conservar é cultivá-los em casa, usando cartão.
Os cogumelos podem ser cultivados em casa. Requerem uma temperatura entre 20° e 30° C e uma humidade relativa de 55 a 75%, assim como escuridão para a fase micelial e luz para o desenvolvimento dos esporóforos. Os cogumelos frescos podem ser facilmente vendidos no mercado ou transformados e secos.

Os cogumelos frescos têm um período de conservação muito limitado, pelo que se recomenda o seu processamento para aumentar o período de conservação. Em primeiro lugar, os cogumelos são lavados em água fria e depois escaldados em água a ferver durante 3-4 minutos. Em seguida, são desidratados num secador e embalados. É aconselhável tratar previamente os cogumelos numa solução de salmoura para evitar a descoloração.

ONDE ENCONTRAR COGUMELOS CULTIVÁVEIS NOS CAMARÕES?

Nos Camarões, os cogumelos silvestres comestíveis podem ser colhidos durante todo o ano. Contudo, são mais abundantes na natureza durante a estação das chuvas. Podem ser encontrados à volta das casas, nos relvados, nos campos cultivados, nos pousios e em todos os tipos de florestas secundárias e primárias. Se souber procurar cogumelos comestíveis, pode encontrá-los durante todo o ano. No entanto, em raras ocasiões, encontram-se espécies diferentes durante a curta estação das chuvas, de março a junho, a curta estação seca, entre julho e agosto, e a longa estação das chuvas, de setembro a novembro. A maioria dos cogumelos comestíveis e cultiváveis frutifica durante a principal estação das chuvas. Algumas espécies de *Auricularia* e *Pleurotus* também persistem durante a estação seca.

CONSERVAÇÃO DOS COGUMELOS CULTIVÁVEIS

Os amantes de cogumelos querem muitas vezes prolongar os seus passeios na floresta, conservando os cogumelos que recolhem. Se este desejo for motivado pela possibilidade de aromatizar alguns pratos de comida, pode secar as suas colheitas; certas espécies de fungos prestam-se bem a este processo. Para evitar o desenvolvimento de bactérias ou bolores, os cogumelos devem ser colocados num local seco ou, melhor ainda, enfiados numa agulha e numa linha grossa e pendurados como uma grinalda. As espécies mais carnudas devem ser enlatadas (com esterilização) ou congeladas. É evidente que é necessário selecionar cuidadosamente as colheitas quando são frescas, de modo a conservar apenas as espécies que se tem a certeza de que são comestíveis.

No entanto, se o micólogo desejar conservar os seus cogumelos para os poder estudar à vontade, terá de recorrer a vários procedimentos. Os cogumelos lenhosos e duros (Polypores, por exemplo) podem ser conservados muito facilmente em estado seco, sobretudo se se tiver tido o cuidado de matar os insectos que frequentemente albergam. Os cogumelos carnudos e putrescíveis podem ser secos ao sol ou numa grelha de arame colocada sobre uma fonte de calor. Contudo, é preferível conservá-los a 50% de álcool em frascos. Os esporos de cogumelos são fáceis de conservar. Para os recolher, perfura-se uma folha branca com um orifício através do qual o caule do cogumelo pode entrar até ao topo. O chapéu é então colocado horizontalmente sobre a folha durante 24 horas. Os esporos são então dispostos

em massa. Basta colocar a folha de papel num saco com a referência à espécie de cogumelo que se está a estudar. Desta forma, o **esporo** é produzido.

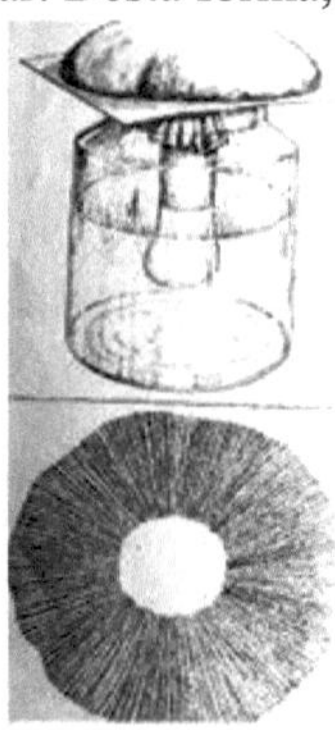

Em todo o caso, a melhor maneira de manter um registo preciso das espécies de cogumelos recolhidas é registar as suas caraterísticas morfológicas numa folha fresca, à luz do dia, tirar fotografias e fazer desenhos ou, melhor ainda, aguarelas que realcem as suas caraterísticas essenciais.

COMO DESCREVER OS COGUMELOS CULTIVÁVEIS?

A principal caraterística da maioria dos cogumelos é, à primeira vista, um chapéu sobre um talo. A

O cogumelo assemelha-se a um guarda-chuva aberto: o cabo é a base, a parte hemisférica é a tampa.

O **chapéu** muda frequentemente de forma à medida que o fungo se desenvolve. Inicialmente cónico ou convexo, tende a tornar-se hemisférico, depois achatado ou, por vezes, deprimido em direção ao centro ou, pelo contrário, provido de um mamilo ou de um perforatorium. O tamanho do chapéu é expresso pelo diâmetro do círculo mais ou menos imperfeito traçado pela parte mais externa do bordo. É de notar a cor do chapéu e as suas variações, bem como se é higrófano (mudando de aspeto consoante está húmido ou seco); a sua superfície tem por vezes um revestimento viscoso e glutinoso, ou um revestimento fibroso, escamoso, pruinoso... A margem do chapéu, ou seja, o bordo, a parte periférica, tem um aspeto diferente consoante o cogumelo é jovem ou velho. A parte inferior do chapéu é a parte fértil do cogumelo (**Hymenium**). É aqui que os esporos são formados e utilizados para propagar o fungo. Consoante o caso, a parte inferior do chapéu apresenta lamelas radiantes, grossas ou finas, mais ou menos compactadas, por vezes bifurcadas, por vezes com lamelas, por vezes anastomosadas, como nas Agaricales ;
Isto é o que um principiante pode facilmente ver durante um passeio na floresta.
Ripas.

Com a ajuda de uma faca, corta-se o chapéu dos cogumelos com lamelas e verifica-se que as lamelas não têm todas o mesmo perfil, tanto mais que a sua inserção na parte superior do pedúnculo varia de uma espécie de cogumelo para outra. Os micologistas deram nomes a estes tipos de inserção lamelar; por exemplo, fala-se de ecarte, free, adnate, emarginees (ou echancrees), decurrentes, decurrentes en filet, inserees sur un collarium...

Pé ou **estipe**. A forma do caule varia de uma espécie para outra. Muitas vezes cilíndrico, pode ser bulboso na base ou, pelo contrário, afilar-se progressivamente; pode ser muito espesso ou, pelo contrário, obeso. A sua superfície é frequentemente decorada com ornamentações que nem sempre são idênticas no topo ou na base. Deve prestar-se especial atenção à presença ou ausência de uma bolsa, denominada volva, que rodeia por vezes a base do pé, e de um anel ou cortina no terço superior. Estes
Estes órgãos, que testemunham o desenvolvimento do fungo, são por vezes fugazes com a idade. Geralmente central, o pé é por vezes excêntrico, rejeitado lateralmente como nos Pleurotes, ou mesmo completamente ausente como nos Poliporos. Várias outras caraterísticas estão envolvidas na descrição de cogumelos,

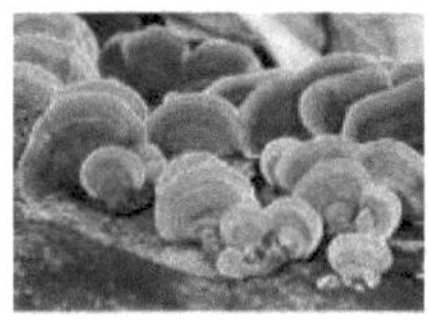

incluindo a carne, os esporos, a cor, o cheiro, o sabor...

NOMES LATINOS DOS COGUMELOS CULTIVÁVEIS

A nomenclatura binomial é amplamente utilizada como um sistema formal de designação de espécies. Tal como acontece com as espécies de flores e plantas, a maioria dos nomes de fungos é dada em latim: o nome do género, que é o substantivo, é maiúsculo e o nome da espécie é geralmente um adjetivo minúsculo. Isto permite uma comunicação fácil e exacta entre micologistas de todo o mundo. O nome do autor ou a abreviatura que se segue ao nome latino de cada espécie de cogumelo cultivado designa o micologista que o descreveu originalmente, de certo modo, o autor da espécie de cogumelo.
O nome de um autor seguido de outro nome significa que o segundo autor voltou a descrever a mesma espécie de cogumelo, geralmente plagiando-a num género diferente ou novo.

Armillaria camerunensis | *Pleurotus sajor-caju* | *Flammulina velutipes*

Macrolepiota procera | *Pleurotus tuber-regium* | *Marasmius oreades*

UTILIZAÇÃO DESTE LIVRO

Os cogumelos constituem um grande grupo de organismos muito diversificados. O livro "**Champignons comestibles et cultivables du Cameroun: Cultiver les champignons a la maison avec du carton**" (**Cogumelos comestíveis e cultiváveis dos Camarões: Cultivar os cogumelos em casa com cartão**) não cobre toda a gama de grandes grupos de macromogumelos. Oferece, no entanto, uma vasta seleção (mais de 80 espécies de macrofungos) de espécies de cogumelos cultiváveis das florestas dos Camarões, com abundantes ilustrações. Mesmo para um especialista, a identificação correta de uma coleção de cogumelos é uma tarefa muito delicada. Por conseguinte, a decisão de consumir certas espécies de cogumelos silvestres deve ser tomada com absoluta certeza quanto à sua identificação (um dos objectivos deste livro). Este livro pode então ser utilizado para comparar as espécies de cogumelos recolhidas. Contudo, nenhum livro pode fornecer a experiência e a certeza necessárias para a colheita de cogumelos por um amador. A única maneira sensata de conhecer as espécies de cogumelos cultiváveis e comestíveis é colher na companhia de especialistas, ouvindo-os e fazendo todas as perguntas que se lhe ocorrem. É nessa altura que este livro deve ser utilizado para fins comparativos.

CAPÍTULO 1

IMPORTÂNCIA DOS COGUMELOS CULTIVÁVEIS

1.1. VALOR NUTRITIVO

A maioria dos cogumelos comestíveis tem um certo número de propriedades em comum. A mais óbvia é o seu elevado teor de água, que varia entre 85% e 95% do seu peso fresco. Este facto confere-lhes um valor calórico muito baixo. Este facto torna-os vulneráveis a contusões e à perda de qualidade de conservação. Após a colheita, os cogumelos devem ser armazenados num local fresco para evitar a perda de água e a descoloração. Se isto não for feito corretamente, ou se os cogumelos forem afectados por bactérias ou fungos parasitas, a maioria dos cogumelos terá um período de conservação muito curto e perderá a sua qualidade de consumo, não podendo continuar a ser vendidos.

A matéria seca dos cogumelos é constituída principalmente por hidratos de carbono fibrosos e mais proteínas vegetais, gorduras (insaturadas) e um número muito elevado de compostos bioactivos muito diversos: polifenóis antioxidantes, vitaminas e elementos inorgânicos como o fósforo, o potássio, o magnésio e o selénio... Os vários compostos bioactivos estão presentes em baixas concentrações (Oligoelementos) mas os seus efeitos biológicos e bioquímicos são impressionantes. A composição da matéria seca do cogumelo *Agaricus biporus*, também conhecido coloquialmente como cogumelo botão, mostra que os cogumelos comestíveis são alimentos altamente nutritivos. Contêm proteínas de boa qualidade, comparáveis aos melhores legumes, fibras digeríveis, uma variedade de vitaminas (B, C e D), baixo teor de gordura e muitos minerais essenciais para o sistema imunitário. Para além destes componentes principais, os cogumelos comestíveis contêm componentes bactericidas e fungicidas que formam uma barreira natural contra micróbios agressivos. Podem também ser aplicados como agente protetor em alimentos orgânicos, como o iogurte (Oei 1996; Stojkovic et al. 2014).

Os cogumelos podem ser considerados alimentos ricos em fibra alimentar devido aos seus hidratos de carbono não digeríveis, principalmente **quitina**. *O Agaricus bisporus* contém 41% de hidratos de carbono como fibra alimentar e *o Pleurotus sajor-caju* contém 44%. Este elevado teor de fibras alimentares torna os cogumelos ideais como alimento anti-constipação, ou para utilização numa dieta equilibrada para prevenir este obstáculo moderno ao bem-estar humano. Nos pacientes que sofrem de obstipação funcional, os suplementos de fibras derivados de *Auricularia auricularia-judae* (cogumelo da orelha de Judas) melhoram consideravelmente a obstipação associada a estes sintomas sem efeitos secundários graves. O elevado teor de fibras digestivas dos cogumelos comestíveis melhora o trânsito intestinal (Kim et al. 2004; Reis et al. 2012;

Goyal et al. 2015).
Os cogumelos comestíveis e cultiváveis são ricos em proteínas vegetais, aminoácidos essenciais (os aminoácidos mais abundantes são a leucina, a valina, a glutamina, o ácido glutâmico e o ácido aspártico), minerais como o zinco e o ferro e várias vitaminas. Os cogumelos comestíveis e cultiváveis são também ricos em bio-componentes antioxidantes, como o selénio, a vitamina C e a colina. Para além de antioxidantes, os cogumelos contêm igualmente muitas vitaminas do complexo B. O que faz deles um alimento completo. Todos estes nutrientes trabalham em conjunto para prevenir danos nas células e nos tecidos e apoiar o nosso sistema imunitário humano.

A popularidade dos cogumelos deve-se não só ao seu valor nutritivo, mas também ao seu potencial como fonte de proteínas que enriquece a dieta, particularmente em comunidades onde a carne animal é escassa e cara. O conteúdo proteico dos cogumelos é quase igual ao do milho, do leite e dos legumes. Os cogumelos contêm mais proteínas do que as batatas ou a couve. Podem ser consumidos preparados ou crus, ao contrário de outras fontes de proteínas, como a soja e a levedura, que têm que ser preparadas. Os cogumelos também têm baixos níveis de colesterol.

Na África tropical, os cogumelos silvestres comestíveis são um alimento muito difundido e popular. Em tempos de fome, são um substituto da carne ou do peixe devido aos seus compostos biológicos nutritivos e medicinais. Os cogumelos também contêm níveis elevados de certas vitaminas, como as vitaminas B, C e D, com níveis de niacina quase equivalentes aos encontrados na carne de porco ou de vaca, consideradas as fontes animais mais ricas destas vitaminas. Os cogumelos são também uma boa fonte de ferro, potássio e fósforo, bem como de ácido fólico, um ingrediente reconhecido por enriquecer o sistema sanguíneo e prevenir deficiências. Têm um baixo teor de sódio, o que os torna ideais para certas pessoas que sofrem de doenças cardíacas e renais.

De facto, os cogumelos são frequentemente referidos como um **"superalimento"** devido aos seus muitos benefícios para a saúde. São baixos em calorias, colesterol e sódio e são uma boa fonte de vitaminas e minerais. cultiváveis

1.2. VALOR MEDICINAL

Durante séculos, os cogumelos comestíveis e cultivados foram utilizados para combater numerosas doenças. Embora algumas das afirmações sobre o valor medicinal dos cogumelos comestíveis e cultivados possam parecer surpreendentes, decorrentes de superstições, crenças e mitos, estas histórias tradicionais são fontes de informação valiosas. De facto, a investigação científica demonstrou que certas alegações sobre os seus benefícios medicinais não são mitos, mas têm uma base científica definida, à luz dos muitos compostos bioactivos naturalmente presentes nos cogumelos silvestres comestíveis e cultiváveis. [2]Desde os anos 40 e 50, foi demonstrado no Japão e nos Estados Unidos da América que os cogumelos comestíveis cultivados, como o Agaricum, as Lentinas e os Cogumelos Ostra, contêm grandes quantidades de **Reteno** , uma substância que pode, em determinadas circunstâncias, ter efeitos antagónicos em certas formas de tumores. As injecções de extractos de certas espécies de cogumelos têm um efeito inibitório sobre o crescimento de certos tumoresf.

O consumo de cogumelos comestíveis silvestres ou cultivados estimula o sistema imunitário, ajudando o organismo a resistir e a combater doenças virais e cancros. Algumas espécies são indicadas contra as úlceras gástricas e duodenais, a gastrite crónica, a neuroastenia, a bronquite crónica, as doenças coronárias, as hepatites virais e a leucemia. Além disso, várias espécies de cogumelos cultivados têm um efeito definitivo sobre a tensão arterial, os tumores e os vírus. [ee]Desde a dinastia Ming, entre os séculos XIV e XVI, o cogumelo *Ganoderma lucidum*, também conhecido por Reishi ou Ling Zhi, é utilizado como remédio contra vários cancros há mais de 500 anos. O cogumelo *Lentinula edodes*, shiitake, melhora a "energia vital" e cura as constipações. De facto, há centenas de anos que os chineses e os japoneses utilizam várias espécies de cogumelos para tratar várias doenças crónicas. Foi apenas em 1960 que os cogumelos medicinais foram introduzidos na Europa e nos Estados Unidos como um possível tratamento para muitas doenças crónicas. Nas regiões tropicais, a etnomicologia tem sido amplamente praticada desde há muito tempo (Mizuno, 1995; Oei 1996; Ndong et al. 2011; DeKesel et al. 2018).

[3]Os componentes bioactivos dos fungos que causam efeitos medicinais incluem polissacáridos de elevado peso molecular e uma variedade de compostos mais pequenos, como os polifenóis e os triterpenos, e numerosas moléculas com possíveis funções de sinalização ainda não definidas, como o Retene. **Os polissacáridos** são elementos constituintes da parede celular dos fungos. Os P-glucanos são lentinanos e esquizofilanos em *Lentinula edodes* e *Schizophyllum commune*, respetivamente. Alguns P-glucanos activos estão ligados a petidos, como o polissacárido K e o polissacaropeptídeo de *Trametes versicolor*. Os polifenóis são os principais antioxidantes e pró-oxidantes presentes nos cogumelos comestíveis e cultivados. Podem também combinar-se especificamente com a membrana celular ou com os receptores nucleares e ser

---

[2] **O reteno**, metil-isopropilfenantreno ou 1-metil-7-isopropilfenantreno, CisHis, é um hidrocarboneto aromático policíclico presente na fração de alcatrão de hulha, que destila acima dos 360°C. Ocorre naturalmente em alcatrões obtidos a partir da destilação de madeiras resinosas.

[3] Os triterpenos ou triterpenóides são hidratos de carbono.

responsáveis por efeitos de sinalização intracelular.
O efeito biológico dos polissacáridos de cogumelos comestíveis e cultivados é atribuído ao seu reconhecimento por células imunitárias, leucócitos e receptores de membrana. A ligação afecta a proliferação e a diferenciação das células, determinando assim a sua função na imunidade. Os polissacáridos dos cogumelos comestíveis e cultivados podem ativar a imunidade inata e induzir a secreção de citocinas pró-inflamatórias, inibindo as células cancerígenas em doentes com cancro gástrico ou colorrectal. A inflamação forma uma barreira defensiva contra doenças infecciosas e o crescimento de células anormais, como o cancro. Muitos extractos de cogumelos, como o *Agaricus blazei*, também têm propriedades antimicrobianas (Stojkovic et al. 2014).

[4]O stress oxidativo causado por um metabolismo desequilibrado e por um excesso de espécies reactivas ao oxigénio conduz a uma série de perturbações da saúde nos seres humanos. Os mecanismos endógenos de defesa antioxidante e a ingestão de antioxidantes através da alimentação regulam potencialmente a homeostase oxidativa nos seres humanos. Muitos antioxidantes sintéticos podem melhorar eficazmente os mecanismos de defesa, mas devido aos seus efeitos tóxicos nocivos em determinadas condições, é dada preferência aos compostos naturais, como os encontrados nos fungos.

Quase todos os cogumelos comestíveis e cultiváveis têm uma atividade antioxidante considerável. Os antioxidantes, como escudos naturais, neutralizam os radicais livres antes de atingirem o seu alvo, protegendo as células humanas dos danos causados pelos radicais livres. Um défice de antioxidantes e/ou uma produção excessiva de radicais livres cria, portanto, um desequilíbrio: **o stress oxidativo**. O stress oxidativo é considerado uma das principais causas do envelhecimento humano e está na origem de vários problemas: fadiga, problemas circulatórios ou articulares, envelhecimento acelerado dos olhos, etc. Os cogumelos comestíveis e cultiváveis podem ser utilizados diretamente para melhorar as defesas antioxidantes através de suplementos alimentares para reduzir o nível de stress oxidativo (Kozarski et al. 2015).

Não são apenas as frutas, os legumes, as plantas e as raízes que podem trazer ao homem as incríveis virtudes e benefícios da Mera Natureza. Certas espécies de cogumelos comestíveis e cultiváveis têm grandes poderes sobre o organismo humano. Os cogumelos comestíveis e cultiváveis são alimentos saudáveis. Durante milénios e séculos, os cogumelos comestíveis e cultiváveis e os seus componentes bioactivos têm sido utilizados na medicina tradicional para a

[4] O termo "**stress oxidativo**" é cada vez mais utilizado para descrever o desequilíbrio entre a produção de radicais livres e a quantidade de antioxidantes disponíveis e utilizáveis pelo organismo. Os radicais livres são moléculas envolvidas nas reacções químicas que acompanham a vida celular. Em excesso, são potencialmente nocivos para o organismo e podem alterar o bom funcionamento das células.

prevenção e tratamento de várias doenças crónicas. O polissacárido K (PSK) de várias espécies de cogumelos, como o *Coriolus versicolor, o Ganoderma lucidum e o Agaricus blazei*, pode melhorar a função imunitária, reduzir os sintomas associados aos tumores e prolongar a sobrevivência dos doentes com cancro do pulmão, melhorar a supressão de docetoxéis induzida pelo tumor do cancro da próstata, a apoptose e as respostas antitumorais na luta contra o cancro. Isto melhora a qualidade de vida dos doentes com cancro. Em doentes com cancro da mama, a qualidade de vida melhora após um tratamento adicional com extrato de Shiitake e a atividade anti-aromatase do fungo *Agaricus bisporus*. Isto poderia ser utilizado na prevenção e no tratamento do cancro da mama em mulheres na menopausa. Os polissacáridos dos cogumelos comestíveis e cultiváveis reduzem a concentração de citocininas pró-inflamatórias. Isto prova que os polissacáridos dos cogumelos podem ser imunossupressores em determinadas condições. A colite ulcerosa sintomática, a fadiga, a qualidade de vida relativamente às dores corporais, a vitalidade, o funcionamento social e a saúde mental também melhoram. Isto apoia o uso de cogumelos comestíveis e cultiváveis como adjuvantes de medicamentos convencionais para pacientes com cancro (Grube et al. 1999; Ahn et al. 2004; Sakamoto et al. 2006; Oba et al. 2007; Hetland et al. 2011; Miao et al, 2015; Therkelsen et al, 2016).

Nas próximas cinco décadas, a esperança média de vida humana irá aumentar consideravelmente. Consequentemente, verificar-se-á um aumento da imunocompetência com a idade e um aumento das doenças sistémicas e neurodegenerativas. O cancro, a aterosclerose, a diabetes e a obesidade já aumentaram e continuarão a aumentar. As doenças neurodegenerativas, como a doença de Alzheimer, a doença de Parkinson, a demência e o acidente vascular cerebral, estão sobretudo relacionadas com a idade. O consumo regular de cogumelos como o *Antrodia camphorate*, *Ganoderma lucidum*, *Grifola frondosa*, *Hericium erinaceus, Phellinus linteus* e *Pleurotus giganteus* pode melhorar a memória e as funções cognitivas. Têm também efeitos neuroprotectores, antioxidantes e anti-(neuro)inflamatórios, reduzem a P-amiloidose induzida pela neurotoxicidade (Phan et al 2015; Suabjakyong et al. 2015; Choi et al, 2016).

A diabetes tipo 2 é um problema crescente no mundo moderno. O estilo de vida, a alimentação e a genética desempenham um papel decisivo no desenvolvimento da obesidade e da diabetes de tipo 2. O tratamento com 1,5 gramas de extrato de cogumelo *Agaricus blazei* por dia durante 12 semanas melhora a resistência à insulina dos pacientes e reduz a pressão arterial de 6,6 para 3,6. Nos Camarões, mais de vinte espécies de cogumelos silvestres medicinais cultiváveis são utilizadas na farmacopeia tradicional (Quadro 1).

Quadro 1. Lista de algumas espécies de cogumelos silvestres medicinais comestíveis dos Camarões, com as suas propriedades e outros usos na medicina tradicional.

Especesde cogumelos medicinais silvestres comestíveis	Propriedades medicinais	Componentes bioactivos
Auricularia cornea	Anemia, tensão arterial, úlceras gástricas e reumatismo	
Auricularia auricular-judae	Reforça o sistema imunitário. Reduz o açúcar no sangue.	Polissacáridos
Cookeina sulpices *Cookeina tricholoma*	trata a inflamação dos ouvidos e a papeira	
Coprinus spp	Infertilidade feminina	
Daldinia concentrica	Cura doenças de pele e cicatrizes, hérnias, estômagos, pediatria (estômagos), redução do umbigo grande nos recém-nascidos, invaginação dos rins,	
	tratamento de úlceras e afecções gástricas, afecções da pele e dos membros tosse convulsa e prevenção do crescimento feto excessivo para facilitar parto.	
Dyctyophora indusiata	Cura da paroníquia	
Flammulina velutipes	Atividade antioxidante anti-cancro	Ergothionine Proflamina
Ganoderma lucidum	Trata o cancro e os problemas cardíacos sob a forma de Reforça o sistema imunitário. Proteção do fígado Propriedades antibióticas Inibe a síntese do colesterol.	Ácido ganodérico P-glucano
Lentinustuber-região	Pediatria, feridas de queimaduras	
Lentinus squarrosolus	Trata o umbigo dos bebés. Tratamento de convulsões em crianças pequenas, papeira, doenças cardíacas.	
Pleurotus sajor-caju	Reduz o colesterol	Lovastatina
	Melhora a lactação em mulheres que estão a amamentar.	

Pleurotustuber-região	A esclerotinia cura as palpitações cardíacas Cura a paralisia Capaz de retardar a progressão da diabetes e complicações associadas a l'insulina Tratamento de dores de cabeça, constipações, asma e outras doenças. febre, estômago e prisão de ventre	Utilizar como encanto do amor e fazer talismãs
Ganoderma sp	Tratar uma vaca doente, Pediatria (pouco apetite nos recém-nascidos	
Ganoderma applanato	Antioxidante utilizado para baixar os níveis de açúcar no sangue açúcar no sangue, anti-hipertensão	
Ganoderma lucidum	Dores de estômago, facilita o parto, pode ser utilizado como antibiótico após o parto; hemorragias, cicatrização de feridas, reumatismo, inseticida, tratamento da artrite e da neoplasia, medicina para tratar infecções cutâneas, abcessos, furúnculos e erupções cutâneas. tumores. É também utilizado como componente noutras preparações. medicinal.	
Grifola frodosa	Trata as hemorróidas e as dores abdominais probabilidades em crianças Aumenta a secreção de insulina Reduz o açúcar no sangue	Polissacáridos Lectinas
Grifola sp	Trata as dores de ouvido inflamadas e reumáticas	
Trametes versicolor	Trata o crescimento interno e o umbigo dos bebés	Ergothioneine Proflamine
Schyzophyllum commune	Tratamento da diabetes	
Cordyceps sinensis	Trata infecções pulmonares Atividade hipoglicemiante Propriedades de saúde celular Atividade antidepressiva	Cordicepina
Volvariella volvacea	Eliminador de gorduras, antibiótico e antindoplástico	

Fontes: Etnomicologia Estudos etnomicológicos nos Camarões e referências bibliográfico

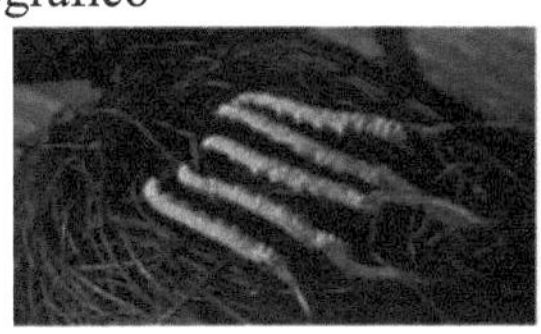  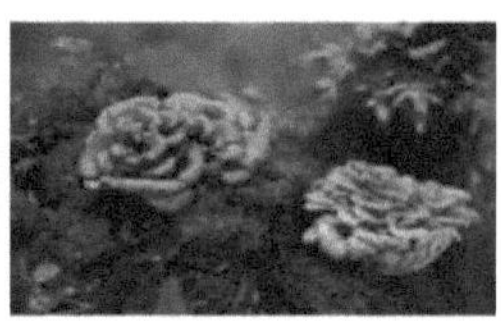

1.3. VALOR ECONÓMICO

Durante milénios, três grupos tróficos de fungos - Saprotróficos, Cogumelos de

Térmitas e Cogumelos Simbióticos ou da Floresta - têm sido consumidos em todo o mundo pelo seu valor nutricional, medicinal e económico. Os cogumelos de térmitas (*Termitomyces*) proporcionam rendimentos não agrícolas, especialmente para as mulheres rurais em todo o corredor tropical, com base apenas nas colheitas naturais durante a estação das chuvas. A maioria dos fungos florestais comestíveis vive em simbiose com certas espécies de árvores (fungos ectomicorrízicos ou simbióticos). Com as suas formas atraentes, as suas cores ricas e os seus aromas subtis, estas espécies de fungos simbióticos têm um grande valor gastronómico e medicinal, bem como um valor comercial considerável. Os cogumelos simbióticos colhidos no outono nas florestas boreais e temperadas do hemisfério norte e nas florestas primárias durante a estação das chuvas nos meios tropicais são objeto de um comércio internacional considerável. São os mais caros e o seu comércio internacional é avaliado em milhares de milhões de dólares americanos por ano. Contudo, nem os fungos de térmitas nem os fungos florestais podem ser cultivados. Apenas os cogumelos saprotróficos podem ser cultivados. A dimensão do mercado de cogumelos frescos cultiváveis foi estimada em cerca de 50 mil milhões de dólares americanos em 2021.

Foram identificadas 15 espécies de cogumelos silvestres comestíveis com valor económico, incluindo duas espécies de cogumelos cultiváveis encontrados nas florestas naturais dos Camarões, *Macrolepiota procera* e *Volvariella volvacea*. O sector do cultivo de cogumelos representa um nicho de oportunidades inesgotável. Nos Camarões, um quilograma de Pleurotes é vendido a cerca de 3500 FCFA durante os três meses da época de cultivo de cogumelos, para uma produção de 250 a 300 kg, dando um rendimento médio de 800.000 a 1.000.000 FCFA. A margem de lucro do cultivo de cogumelos pode ser alcançada após seis meses, dependendo da dimensão da estrutura de produção (Kumar et al. 2022; Cameroon Tribune 16 May 2024).

CAPÍTULO 2

COGUMELOS CULTIVÁVEIS

2.1. DIVERSIDADE E ABUNDÂNCIA

Em África, podem ser cultivadas cerca de duzentas (200) espécies de cogumelos saprotróficos silvestres comestíveis. São muito procurados pelas comunidades rurais dos Camarões pelos seus benefícios dietéticos, nutricionais e medicinais, bem como pelo seu elevado teor de proteínas digeríveis, vitaminas e sais minerais. Consequentemente, contribuem para a segurança alimentar, nomeadamente durante os períodos de escassez nas aldeias. Em todo o país, vários estudos etnomicológicos revelaram que uma vasta biodiversidade de cogumelos comestíveis e cultiváveis é recolhida nas florestas tropicais naturais e utilizada para alimentação e medicina tradicional pelas comunidades dos Camarões. Entre estes, 88 espécies de cogumelos comestíveis divididos em 26 géneros, dos quais várias espécies comestíveis e medicinais são cultiváveis viz. ***Agaricus, Armillaria, Auricularia, Cookeina, Collybia, Coprinus, Echinochaeta, Flammulina, Flavolus, Ganoderma, Gerronema, Gymnopilus, Grifola, Laetiporus, Lentinus, Lepiota, Macrolepiota, Marasmius, Pleurotus, Psathyrella, Pluteus, Sparassis, Trametes, Tremella*** **e** ***Volvariella*** (Quadro 2).
Por razões práticas, a apresentação de cada táxon fúngico cultivável foi limitada a fornecer apenas as caraterísticas gerais do género, os nomes locais,

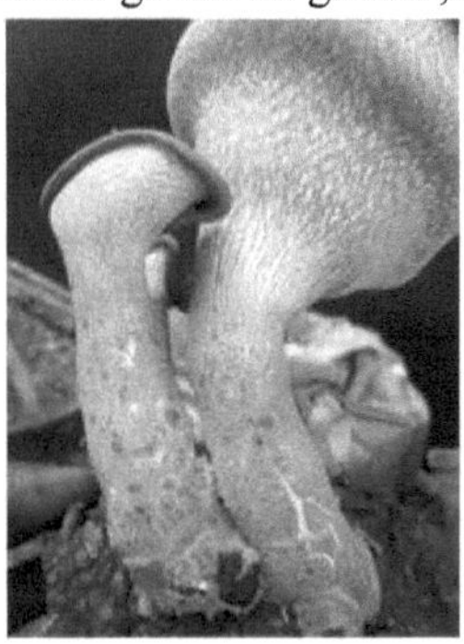

caraterísticas morfológicas das espécies de cogumelos, seus habitats e ecologia, comestibilidade, valor sociocultural e farmacopeia tradicional.
Entre as muitas espécies de cogumelos cultiváveis, certas espécies de cogumelos comestíveis são mais ou menos procuradas. Como o número de cogumelos venenosos é limitado, a maior parte das espécies de cogumelos são inofensivas, mas muitas são insignificantes, por exemplo, devido ao seu sabor ou cheiro desagradáveis, ou simplesmente devido ao seu tamanho insignificante.
Para além da recolha para consumo próprio, nenhuma espécie de cogumelo cultivado é atualmente comercializada a nível nacional, sob qualquer forma,

fresca ou seca. As espécies locais de Pleurotes (mais de uma dúzia) são as espécies de cogumelos mais consumidas pelas comunidades rurais.

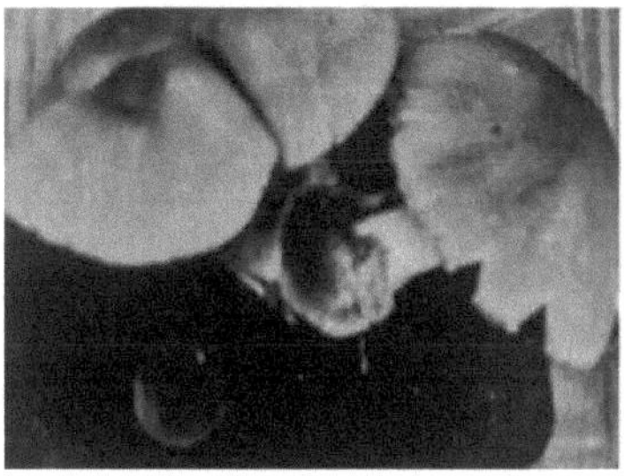

Camarões. Contudo, é o cogumelo de palha ou Volvaria volvacea (*Volvariella volvacea*) que é a espécie de cogumelo cultivável mais apreciada pelas comunidades Bantu. Estas dão-lhe vários nomes comuns nos seus dialectos. É chamado "Etok melen" pelos Bulu, Ewondo e Fang, "Ingugd" pelos Eton e Manguissa.

O Volvaire volvacee frutifica naturalmente em troncos de palmeiras (*Elaiesguineensis*) em decomposição. No entanto, este fungo saprotrófico da palha pode ser cultivado numa grande variedade de substratos ricos em azoto orgânico. Em torno de certas agro-indústrias da região costeira, por volta das 4 horas da manhã, a população local corre para debaixo dos palmeirais com lamparinas e tochas em busca de esporóforos de cogumelos de palha. Recolhem-nos na fase de ovo (ou botão), antes da sua maturação completa. Deixam-nos num local fresco e escuro da casa até estarem completamente desenvolvidos, com o chapéu e o estipe envoltos num véu. Em seguida, preparam-nas em várias sopas ou, por vezes, assadas para fazer omeletas.

Quadro 2. Lista não exaustiva de cogumelos silvestres saprotróficos comestíveis nas florestas naturais dos Camarões

Agaricus camerunensis; Agaricus campestris; Agaricus goossesens; Agaricus silvatic; Armillaria arborescens; Armillaria heimii; Armillaria camerunensis; Auricularia auricula-judae*; *Auricularia* cornea*; *Auricularia* polytricha*; *Chlorophyllum* molybdites**; *Collybia cf. allegrandi; Cookeina* sulpices*; *Cookeina* tricholoma*; *Cookeina* occidentalis*; *Cookeina* brunneofibrollus*; *Coprinus comatus; Cyathus striatus; Dacryopinax spathularia; Daldinia concentric; Dictyotophora* spp*; *Echinochaeta erachypora; Flammulina* velutipes*; *Flavolus brasiliensis; Flavolus sp 1; Flavolus tenuiculus; Lepiota clypeolaria; Ganoderma applanatum* ; Ganoderma lucidum* ; Gerronema* hungo*; *Grifola* frondosa*; *Gymnocarpus aureobrunneus ; Gymnocarpus zenkeri; Laetiporus sulphureus*; *Lentinus brunneofloccosus*; *Lentinus cladopus; Lepiota cristata; Lentinus polychrous; Lentinus retinervis, Lentinus squarrosulus ;*

Lentinus sajor-caju; Lentinus tigrinus; Lepiota sp 1; Lepiota cristata ; Lepiota clypeolaria ; Lepiota disciples ; Lepiota squarrosulus; Macrolepiota africana; Macrolepiota procera; Marasmius arborescens; Marasmius bekolacongoli; Marasmius katangensis; Marasmius hungo; Mycena aschi; Mycena bipindensis; Panus courtetianus, Panus fasciatus, Panus similis, Panus fulvus, Panus cf. ciliatus; Psathyrella arrombonatus;

Psathyrella condolleana; Psathyrella cetolle; Pleurotus citrinopileatus; Pleurotus cystidiosus; Pleurotus dictyopus; Pleurotus flabellatus; Pleurotus luteoalbus; Pleurotus ostreatus; Pleurotus cf. ovaticystis; Pleurotus tenuiculus; Pleurotus pulmonarius; Pleurotus tuber-regium; Pleurotus squarrosolus; Pluteus cf. notammentoroseus; Pluteus camerunensis; Sarcosoma globosum; Schyzophyllum commune*; *Sparassis* crispa*; *Stereum hirsutum; Trametes spp*; Tremella* fuciformis*; *Tremella mesenterica; Tremella versicolor; Volvariella caesiotincta; Volvariella esculenta;*

Volvariella gloiocephala; Volvariella volvacea.

Notas. * Cogumelos medicinais silvestres comestíveis, segundo os leigos (Communautës locais ** Esta espécie é venenosa. No entanto, alguns camaroneses e nigërianos locais no Togo afirmaram que o comem como as comunidades Nagots do Togo, com os vómitos e sintomas gástricos de toxicidade resultantes (Kamou et al. 2015.

Os esporóforos de *Chlorophyllum molybdites* frutificam em tropas abundantes nos relvados ou em pousios, com lamelas verdes que fazem dela uma espécie tóxica.

2.2. DESCRIÇÃO DOS COGUMELOS COMESTÍVEIS CULTIVÁVEIS

AGARICUS L.: Fr. correta Karst.

Agaricus é um género de fungos que contém espécies comestíveis e venenosas, com talvez mais de 300 espécies em todo o mundo. Os Agaricus são também conhecidos como Psalliotes. Reconhecem-se pelo seu chapéu, que é branco em muitas espécies, com lamelas apertadas e radiantes por baixo, cor-de-rosa quando jovens, depois castanho-sépia. A base apresenta um anel, remanescente de um véu que protegia as lamelas nos cogumelos jovens. Consoante a espécie, a base está mais ou menos inchada, formando um bolbo.

Quadro 3: Caraterísticas gerais dos Agarics ou cogumelos com lamelas cor-de-rosa e odor a anis

Capa: Separável do pé, com um revestimento que se torna amarelo ao tato em algumas espécies.
Lamelas: radiadas, livres, finas, apertadas, inicialmente cor-de-rosa, depois castanho-sépia.
Pé: Mais ou menos alongado, com um único anel que se duplica (ou mesmo triplica) consoante o caso, muitas vezes transformando-se num bolbo.
Polpa : Tenra, tornando-se vermelha ou amarela ao ar Esporos : Castanho-púrpura escuro, elipsoidal-ovoide, com um poro germinativo distinto Esporo : Castanho Estado trófico : Saprotrófico
Comestibilidade: Variável, comestível ou venenosa

Esporóforos do fungo *Agaricus campestris* mostrando um véu parcial supere

AGARICUS CAMERUNENSIS

Nomes comuns. Agaric da peste; Psalliote dos Camarões

Nome vernáculo. Vio (Ewondo), **Mbel** (Eton)

Agaricão dos Camarões

Identificação. Trata-se de um cogumelo carnudo e imponente, com a silhueta típica do Agaric. O chapéu é inicialmente globular, alargando-se depois e mantendo-se convexo durante muito tempo. A superfície lisa é violeta ou púrpura. A margem é lisa. As lamelas são brancas e depois tornam-se cor-de-rosa. Quando cortado, apresenta um orifício oval no meio das lamelas brancas. O pé preto curto é cilíndrico e ligeiramente bulboso na base. O esporo visível é castanho escuro ou preto.

Habitat e ecologia. O agárico dos Camarões é um agárico roxo que cresce em campos e relvados. Dá frutos durante a curta estação das chuvas e especialmente durante a longa estação das chuvas, em outubro-novembro.

Comestibilidade. A polpa do Agaric dos Camarões é esbranquiçada, de sabor doce e odor a anis, tornando-se rosada ao toque. É uma planta reconhecida como comestível, mas não é muito apreciada a nível local. Pode causar problemas digestivos em algumas pessoas.

Farmacopeia tradicional. O agárico dos Camarões contém também elevados níveis de substâncias potencialmente cancerígenas, pelo que é aconselhável não o consumir em excesso.

AGARICUS CAMPESTRIS

Nomes comuns. Cogumelos do prado; Cogumelos do campo

Nomes vernáculos. Vio (Ewondo), **Mbel** (Eton)

Identificação. Os esporóforos do fungo dos prados, *Agaricus campestris*, são facilmente identificados pelo seu chapéu branco e estatura atarracada, superfícies sem manchas e carne com lamelas cor-de-rosa e depois castanhas. Os esporóforos do *Agaricus campestris* caracterizam-se por um chapéu carnudo, da parte inferior do qual crescem várias lamelas radiantes. Podem distinguir-se dos outros membros da sua família, Agaricaceae, pelos seus esporos castanho-chocolate. A polpa branca fica com um tom castanho-avermelhado baço, ao contrário do amarelo do cogumelo tóxico *Agaricus xanthodermus* e de espécies semelhantes. Os esporos elípticos de cor castanha escura têm paredes espessas e são nus. O chapéu hemisférico, inicialmente convexo, branco, ligeiramente rosado ou acinzentado, com fibrilhas ou pequenas escamas, com 5 a 12 cm de diâmetro, espalha-se gradualmente. Uma variedade apresenta por vezes fissuras em manchas acastanhadas. As lamelas são bastante compactas, de uma cor rosada atraente, que se torna castanha quase preta à medida que os esporos amadurecem, com os bordos das lamelas coloridos. O pé inteiro é curto, bastante espesso e branco, com um único anel estreito que pode desaparecer rapidamente.

Habitat e ecologia. Os esporóforos do fungo *Agaricus campestris* são observados em campos de culturas alimentares e nos pousios das ervas daninhas *Imperata cylindricum* ou *Chromolaena odorata*, durante a principal estação das chuvas, de setembro a novembro.

Encontra-se frequentemente nos relvados das zonas suburbanas, aparecendo em pequenos grupos formando círculos de bruxas ou solitária.

Comestibilidade.

Os esporóforos do cogumelo do prado são uma espécie de cogumelo comestível muito boa, e podem ser utilizados em qualquer receita que exija cogumelos de botão (cultivados). A polpa é espessa e tenra, branca com um ligeiro avermelhamento ou acastanhamento quando exposta ao ar. O cheiro é agradável, mas não é amendoado nem anisado.

Promoção sociocultural. Desde a antiguidade, o Meadowsweet é um dos cogumelos mais conhecidos. Atualmente, os esporóforos do cogumelo *Agaricus campestris* são muito consumidos e estão intimamente relacionados com o cogumelo cultivado. *Agaricus bisporus* (cogumelo botão). Os extractos do cogumelo *Agaricus campestris* têm sido utilizados na medicina tradicional para tratar a diabetes.

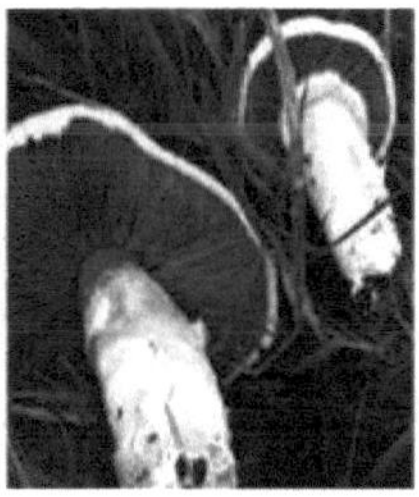

[5]*ARMILLARIA* (P.) Staude

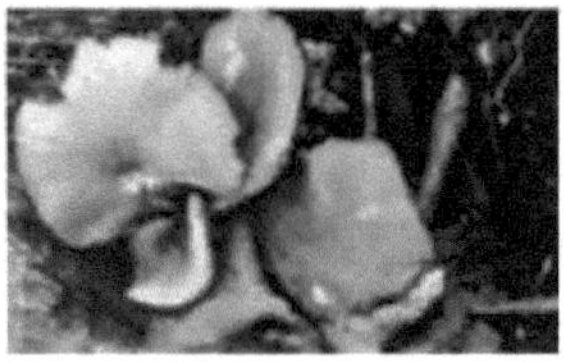

A Armillaria é um fungo Basidiomycete que possui
com capas amarelo-acastanhadas. Os seus filamentos, as hifas, desenvolvem-se no subsolo através da degradação da madeira morta. Este fungo é também um parasita que pode matar os tecidos da planta hospedeira através de enzimas, o que lhe permite desenvolver-se em muitas árvores. *Armillaria* é um género de fungos Basidiomycetes lignicolosos da família Physalacriaceae, anteriormente pertencente à Tricholomataceae. Os esporóforos de Armillaria estão geralmente agrupados (em tropas ou em aglomerados mais densos), com capas carnudas que são geralmente amarelo-acastanhadas e um pouco pegajosas ao toque quando húmidas. São quase sempre adornadas com escamas que permanecem no disco quando maduras. O pé é central, fibroso-carnoso, fistuloso a oco, coberto por vestígios de uma película escamosa-membranosa, com um armillium, um anel que pode ser frágil ou efémero (vítima de lesmas ou de intempéries). As lamelas são adnatas, semi-decurrentes ou decurrentes. O esporo é branco a creme.
O género *Armillaria* tem um elevado valor comestível e medicinal.
Quadro 4: Caraterísticas gerais dos Armillaria ou Cogumelos com bioluminescência, cor e aspeto variáveis
Chapéu: Convexo a igual
Lamelas: esbranquiçadas, tornando-se cremosas e frequentemente tingidas de vermelho com

Idade
Pé: comprido, cilíndrico, com um anel na parte superior, inicialmente branco e depois castanho-avermelhado.

[5] Um dos maiores organismos vivos da Terra, com 2.500 anos de idade, é o fungo ***Armillaria gallica***. O seu micélio cobre 37 hectares de uma floresta na Península Superior do Michigan. A sua massa está estimada em 100 toneladas (---).

Esporos: Brancos, ovóides
Cor : Branco
Estado trófico : Saprotrófico
Comestibilidade: Variável
Cultivabilidade: Cultivável

ARMILLARIA CAMERUNENSIS (Meim) Courtec.

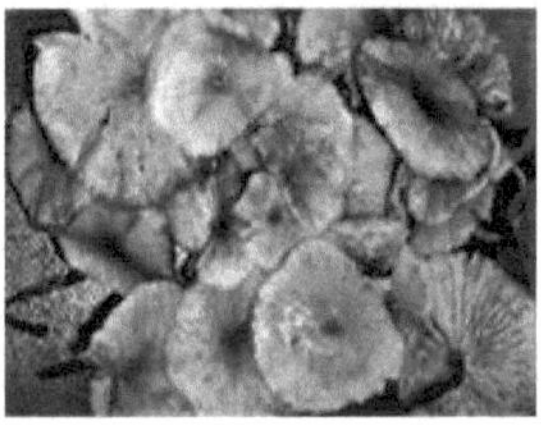

Nome comum. Armilar dos Camarões
Nome vernáculo. Kondo (Bulu)
Identificação. A Armillaire camerounaise distingue-se pelo seu gorro estriado, com margens estriadas, de cor amarelo-alaranjada, de textura frágil, com um pé preto curto, direito, cheio, firme e sem pêlos. As lamelas finas são castanhas escuras, soltas e apertadas.
Habitat e ecologia. A Armillaria cresce em madeira viva (fungos parasitas) ou morta (fungos saprotróficos), especialmente durante a estação das chuvas. A Armillaria dos Camarões é recolhida numa variedade de habitats.
Comestibilidade. Este cogumelo é um bom comestível jovem e bem cozinhado. As comunidades Bulu do sul dos Camarões adoram os seus esporóforos, que são procurados avidamente durante as estações das chuvas. Afirmam que a sua polpa ligeiramente pegajosa é deliciosa na sopa de amendoim ou de pistácio (sementes brancas de *Cucumis melo*).

Armillaria camerunensis

ARMILLARIA HEIMII Pegler.

Nomes vulgares; Armillaria cor de mel; Cogumelo do mel preto

Nomes vernáculos. Vio (Ewondo), **Mbel** (Eton)

Identificação. Os esporóforos do fungo *Armilaria heimii* são facilmente reconhecidos pelo seu hábito cespitoso. O chapéu é convexo, ligeiramente curvado

Deprimida no centro; a pileipela inicialmente castanha escura, depois castanha clara a castanha alaranjada, exceto no centro castanho escuro remanescente, escamosa com escamas agudas castanhas escuras; a margem inicialmente enrolada, depois inflexionada, mais pálida. O estipe branco é cilíndrico, oco e fistuloso, progressivamente acastanhado-alaranjado em direção à base, sendo a base finalmente cinzento-acastanhada escura; as estípulas são lisas acima do anel, com escamas brancas abaixo;

1 anel, fugaz, ascendente, fixo, ligado à parte superior do estipe. As lamelas, brancas com reflexos rosados, são adnadas e decurrentes com um dente, largas e densas; as lamelas frequentes são regulares, em três séries e com uma margem colorida. O esporo é branco.

Habitat e ecologia. Saprotrófico em madeira morta, o fungo *Armillaria heimii* também foi registado como uma praga do cacau, café, hevea, chá e várias espécies lenhosas. Os esporóforos de Armillaria, cor de mel, podem ser encontrados a frutificar em qualquer sítio em florestas densas, secundárias e de montanha, e mesmo em árvores à volta das casas. Em zonas urbanas, periurbanas e rurais.

Comestibilidade. A polpa fina dos esporóforos de Armillaria cor de mel é branco-creme, com uma tonalidade rosa no chapéu e no pé.

Farmacopeia tradicional. O mel preto é rico em antioxidantes, nutrientes benéficos, vitaminas e minerais. As comunidades locais utilizam-no para aliviar muitas doenças.

FAVOLUS P. Beauv.

Favolus, ou fungos em favo de mel, é um género de fungos da família Polyporaceae. Os corpos de frutificação das espécies de *Favolus* são carnudos com poros dispostos radialmente na parte inferior da tampa. São angulosos e profundamente pontilhados, assemelhando-se um pouco a um favo de mel. A textura da superfície do chapéu pode ser lisa ou apresentar pequenos pêlos, por vezes com tufos rígidos ou escamas espinhosas na base. A superfície do chapéu é de cor variável, apresentando frequentemente estrias radiais. O pé é cilíndrico a estrelado ou subestipulado ou reduzido. O tecido interno do corpo do esporóforo (polpa) tem uma textura dura, carnuda a coriácea quando fresco, tornando-se coriáceo a córneo ou quebradiço quando seco. O pé muito curto, branco, é coriáceo e coriáceo, situado lateralmente ou quase séssil. Os poros da face inferior do chapéu são pequenos a grandes, regulares ou radialmente alongados e espatulados, reniformes a dimidiados.

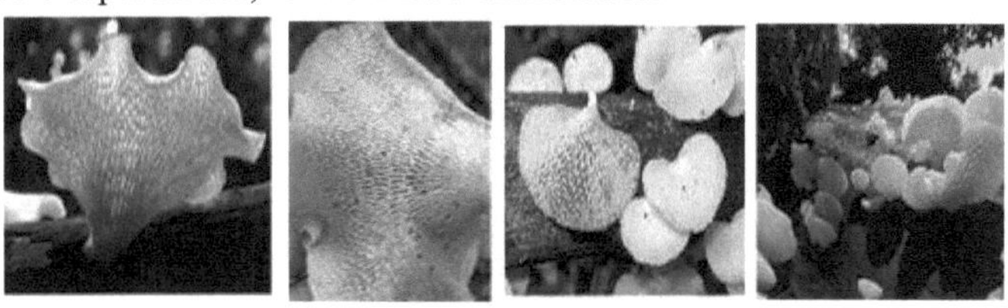

Quadro 5 : Caraterísticas gerais dos cogumelos Favolus ou favo de mel

Capa: Semi-hemisférica a ovoide Lamelas: Tubos e poros brancos Pé: Curto, por vezes ausente e excêntrico Esporos: Brancos
Cor : Branco
Estado trófico : Saprotrófico
Comestibilidade : Comestível
Cultivo: Cultivado no Brasil

FAVOLUS BRASILIENSIS (Fr.) fr.

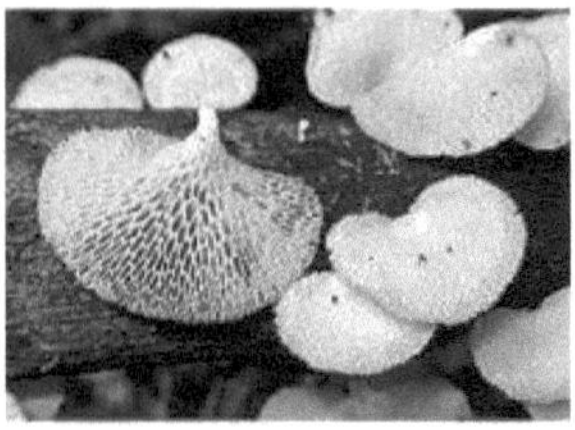

Nome comum. Cogumelos em favo de mel ou Favole Bresilienne
Nomes vernáculos. Ongo (Bulu)
Identificação. Os cogumelos em favo de mel distinguem-se pelo seu chapéu branco, coriáceo e em forma de leque. As lamelas brancas são tubos largos, em forma de losango. O pé branco é muito curto, por vezes ausente ou excêntrico e coriáceo. Os poros da face inferior do chapéu são grandes a pequenos, regulares ou alongados radialmente.
Habitat e ecologia. Os corpos de frutificação da Favola brasileira são encontrados anualmente em madeira morta.
Comestibilidade. A dureza da polpa do cogumelo favo de mel não é alterada pela cozedura. Por conseguinte, é principalmente consumido em sopas pelas comunidades Bulu durante a estação das chuvas. Nessa altura, está mais fresco. Quando regressam dos campos, recolhem os esporóforos para fazer sopa, que bebem para se aquecerem depois de se molharem com a chuva.

FAVOLUS TENUICULUS P.Beauv.

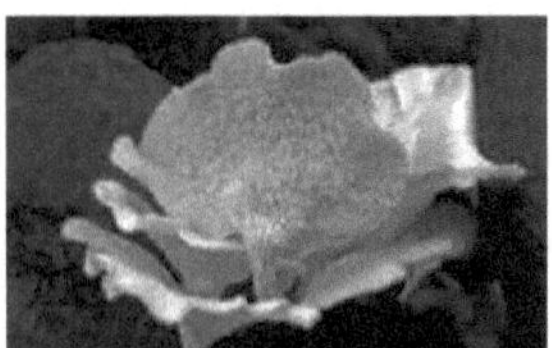

Nome comum. Cogumelos em favo de mel ou Favole Bresilienne
Nomes vernáculos. Ongo (Bulu)
Identificação. Os esporóforos do fungo *Favolus tenuiculus* são facilmente reconhecidos pela sua capa fina, lateral, coriácea, reniforme a flabeliforme e plana,

com uma margem sinuosa, um lóbulo finamente fimbriado com pileipela branca, translúcido quando fresco, facilmente putrescível. O estipe curto e branco é lateral, alargado na base e emaranhado contra o substrato. O himenóforo tem poros angulares, é radialmente alongado, maduro, alinhado, frequentemente dente, esbranquiçado e creme a amarelo. O esporo é branco a creme pálido.

Habitat e ecologia. Os esporóforos do fungo *Favolus tenuiculus* são saprotróficos e gregários. Encontram-se em madeira em decomposição nas florestas primárias e secundárias, em pousios de *Chromoleana odorata* e em plantações de cacau.

Comestibilidade. Os esporóforos do cogumelo *Favolus tenuiculus* são bons comestíveis e são mais adequados para sopas do que para salteados. A polpa fina e esbranquiçada é dura, inalterável, com um odor a fungos e um sabor ligeiramente amargo.

GERRONEMA R. Singer

Gerronema é um género de agáricos lignícolas de tamanho pequeno a médio, com lamelas brancas e decrescentes. Tipicamente, o chapéu tem uma depressão central pouco profunda ou profunda, dando uma aparência em forma de guarda-chuva ou de funil com um mamilo (aparência omphalinoide). *Gerronema* difere de *Omphalina*, no entanto, pela ausência de pigmentos incrustantes ou intraparietais típicos de Omphalina, e pelo aparecimento ocasional de cores vivas, como o amarelo ou o verde, que estão ausentes em Omphalina.

Omphalina, pela sua restrição à podridão da madeira e aos tecidos duros compostos por hifas sarcodimíticas. Os fungos *Gerronema* pertencem ao clado informal "hidropoide", juntamente com *Hydropus*, *Megacollybia* e *Clitocybula.*

GERRONEMA HUNGO

Nomes comuns. Cogumelo com lamelas douradas

Nomes vernáculos. Vio (Ewondo), **Mbel** (Eton)

Identificação. Os esporóforos do fungo *Gerronema hungo* são facilmente reconhecidos pelo seu pequeno chapéu amarelo-alaranjado, campanulado a convexo, umbilical, profundo no centro e com um bordo agudo e ligeiramente curvo. A pileipela, de amarelo alaranjado a castanho alaranjado, é radialmente estriada a castanho acinzentado, seca, sem pêlos e profundamente estriada. O pequeno estipe laranja-melão é central, cilíndrico, com uma subclávia oca, sem pêlos e depois castanho-azeitona. O himenóforo, de cor laranja vivo, com lamelas espessas e espaçadas, é simples, com pouca intervenção. O esporo é branco a amarelo pálido.

Habitat e ecologia. Os esporóforos do fungo *Gerronema hungo* são saprotróficos e gregários. Encontram-se em madeira em decomposição em florestas húmidas primárias e secundárias, em pousios de *Chromoleana odorata* e em plantações de cacau.

Comestibilidade. A polpa muito fina e cor de laranja pálida dos esporóforos *de Gerronema hungo* tem um odor ligeiramente agradável e um sabor ligeiramente picante. Devido à sua coloração e ao seu hábito, esta espécie de cogumelo pode ser confundida com um pequeno cantarelo sem lamelas bifurcadas. No entanto, os habitantes das florestas do leste e do sul dos Camarões, tanto bantu como indígenas, raramente recolhem esporóforos *de Gerronema hungo* para consumo.

LENTINO P.

Os Lentinus (Lentin) assemelham-se aos Oyster mushrooms, mas são mais duros. As suas lamelas têm extremidades bem compactadas e esporos brancos. São pequenos

fungos mais ou menos rudimentares, lignícolas do género Basidiomycetes, que inclui espécies há muito classificadas entre os Agaricales da família Pleurotaceae (*Panus*). No entanto, foram atualmente agrupados na família Polyporaceae. *Lentinus* forma basidiocarpos duros mas maleáveis, nos quais o himénio nasce nas lamelas. Os esporos são lisos e não amilóides. Tal como os poliporos, os lentinos são cogumelos com polpa fibrosa e bastante dura. O chapéu pode ser branco, peludo, amarelado, ocre a castanho-avermelhado, por vezes manchado. A margem das lamelas é estéril, muitas vezes denticulada ou apertada. O pé está sempre presente, mais ou menos desenvolvido e muitas vezes excêntrico, como nos pleurotos. Nos Camarões, duas espécies de Lentin são consumidas pelas comunidades Bantu.

Para evitar a intoxicação ou o envenenamento pela ingestão de cogumelos, é necessário

1. Conhecer as espécies perigosas de cogumelos selvagens;
2. Aprender sobre as espécies comestíveis e como as utilizar.
3. Rejeitar sistematicamente todos os espécimes desconhecidos.

Tableau 6 Caraterísticas gerais das Lentinas ou Cogumelos com escamas e

chapéu de couro

Capa: Seca sem apodrecer Lamelas: Brancas Pé: Cartilaginoso Esporos: Brancos Esporos: Brancos Estado trófico: Saprotrófico Aptidão: Bem comestível Cultivabilidade: Cultivável

---

LENTINUS SAJOR-CAJU (P.) P

Nome comum. Lentin de sajor-caju, Cogumelos em forma de funil de madeira
Nomes comuns. Bikoko biyoko (Beti), Cocobianco (Bakweri)
Identificação. *O Lentinus sajor-caju* (anteriormente *Pleurotus sajor-caju)* é um fungo Basidiomycete da família Polyporaceae. Esta espécie comum é facilmente reconhecida pelo seu chapéu profundamente ciatiforme, pelas suas lamelas muito compactas e pelo seu anel persistente na parte superior do pé. O chapéu côncavo ou ciatiforme é infundibuliforme e aflabeliforme. A superfície seca, lisa e sem pêlos, é frequentemente estriada de forma fina e radial, rimada com a idade, inicialmente esbranquiçada com manchas cinzentas, depois cremosa, ocre-clara ou acastanhada, por vezes com pequenas escamas no centro, com uma margem curvada a involuta, rapidamente reta a ondulada, por vezes lobulada, sem pêlos. O pé é curto e central a excêntrico ou lateral, cilíndrico com uma base íngreme, sólido, concolor no chapéu com um anel distinto, membranoso, sólido, persistente, concolor no pé e com uma margem acastanhada. O himenóforo esbranquiçado é concolor no chapéu ou escurece em direção à margem, fino, direito a sublinear, denso, não bifurcado, com lamelas

profundamente decurrentes, inteiras e em séries sub-regulares.
Habitat e ecologia. Saprotrófica em madeira morta numa variedade de habitats, como florestas húmidas densas e secundárias, florestas de montanha, charnecas, pousios e campos agrícolas.

Comestibilidade. A polpa do Lentin de sajor-caju é espessa acima do pé e muito fina nas outras partes, branca, dura e flexível, dura e córnea quando seca, com um odor agradável, suave e farinhento. Este cogumelo é cultivado em resíduos vegetais, nomeadamente na Ásia. O "Lentin de sajor-cajou" é um cogumelo comestível cujas espécies selvagens possuem um elevado teor de proteínas e de hidratos de carbono, boas quantidades de vitaminas, carotenóides e minerais e um baixo teor de gordura. A quaresma de sajor-caju pode ser considerada um alimento nutracêutico e funcional e utilizada em dietas.
Farmacopeia tradicional. *A Lentinus sajor-caju* possui fortes propriedades antioxidantes e uma atividade antibacteriana moderada contra o *Streptococcus aureus* e *o Vibrio cholerae*. A presença de vitaminas e carotenóides nos esporóforos de Lentinus sajor-caju pode também desempenhar um papel protetor contra doenças como o cancro e as doenças cardiovasculares.

LENTINUS SQUARROSULUS_ (Mont.)

Nome comum. Lentina escamosa
Nomes comuns. Bikoko biyoko (Beti), Cocobianco (Bakweri)
Identificação. Os esporóforos de Lentin ecailleux são facilmente reconhecíveis pelo chapéu, inicialmente convexo e estreitamente deprimido no centro, depois infundibuliforme, carnudo, flexível, coriáceo com a idade, quebradiço quando seco, com uma margem inteira, curvada e depois inflexionada, reta e lobada, aguda, tornando-se erodida, inteira ou finamente denticulada, concolor. A

epiderme é branca cremosa ou fulva, por vezes ocre, castanha clara, seca, radialmente estriada, escamosa a escamosa, com escamas congénitas a destacadas, concêntricas, coradas ou acastanhadas, por vezes completamente lavadas pela chuva. O pé central é excêntrico ou sub-lateral, agrupado na base, cilíndrico, afunilando para baixo, curvo, sólido, branco, por vezes com manchas castanhas na base, irregularmente escamoso quando jovem, tornando-se por vezes glabro ou sublite, sem anel. O himenóforo tem lamelas decrescentes, arqueadas, apertadas, desiguais, finas, rectas, raramente bifurcadas, ligeiramente interveiculadas na base com lamelas, em séries sub-regulares, brancas e depois esbranquiçadas-cremosas, com uma arete irregularmente denticulada e corada. A polpa, de cor branca a creme, é fibrosa e elástica no chapéu e dura e rija no pé. O esporo é branco-creme a branco-amarelado.

Habitat e ecologia. Os esporóforos da Lentina escamosa frutificam em tufos sobre madeira morta, numa variedade de habitats como florestas densas e secundárias, florestas de montanha, charnecas, pousios e campos agrícolas, em todas as estações do ano.

Comestibilidade. A ponta de flecha escamosa é um bom alimento quando jovem, mas a sua polpa torna-se dura e indigesta quando madura. Os esporóforos da ponta de seta escamosa têm uma polpa fibrosa e elástica no chapéu, que se torna dura e rija no pé, branca a cremosa, com um sabor doce e agradável, por vezes pungente, córnea quando seca, com um sabor frutado e agradável como o cheiro da farinha.

Farmacopeia tradicional. Os esporóforos de Lentin ecailleux protegem contra o stress oxidativo e melhoram a cicatrização das úlceras. Os esporóforos de Lentin ecailleux são uma boa fonte de hidratos de carbono, proteínas e minerais e são considerados fungos medicinais comestíveis. Foram isolados numerosos componentes químicos bioactivos da lentina escamosa, incluindo compostos fenólicos, flavonóides, glucanos imunoestimulantes e proteínas antifúngicas.

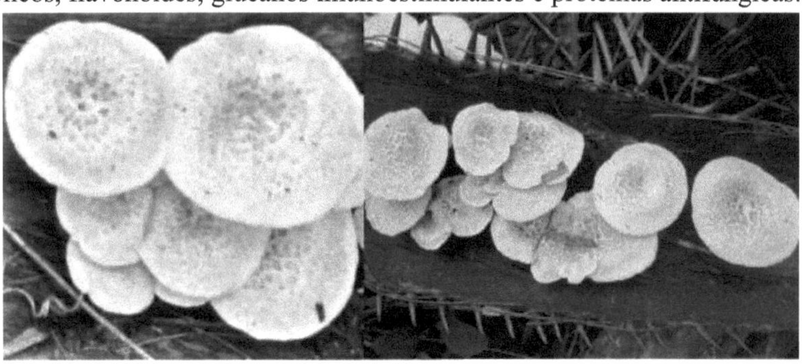

MACROLEPIOTA (Scop.) Cantor

Os Macrolepiota, do seu nome vernáculo, macrolepiotes, formam um género de fungos Basidiomycetes da família Agaricaceae. *A Macrolepiota procera*, ou lepiota alta, que tem 10 variedades e 7 formas, é a macrolepiota mais comum. Estudos filogenéticos recentes dividiram o género em dois géneros: ***Macrolepiota*** e ***Chlorophyllum***.

Tableau 7 Caraterísticas gerais dos *Macrolepiota* ou cogumelos com uma capa escamosa e um anel superior deslizante

Chapéu: Chapéu coberto de escamas devido ao rasgamento da cobertura.
Lamelas: largas com uma grande superfície himenial
Pé: Tigre com um anel móvel
Polpa: Branca, macia e espessa Esporos: Brancos Esporos: Branco-creme
Estado trófico: Saprotrófico Cultivabilidade: Cultivável

MACROLEPIOTA AFRICANA (Heim) Heinem.

Lépiote élevée

Nomes comuns. Coulemella africana; cogumelo do nariz de gato

Nomes vernáculos. Vio (Ewondo), **Mbel** (Eton)

[2]**Identificação.** Os esporóforos de *Macrolepiota Africana* podem ser reconhecidos pela sua forma bulbosa ampla e distinta e pelo avermelhamento da polpa na base do estipe quando amassada. O chapéu carnudo é campanulado, alargando-se depois, com um mamilo central. A pileipela, de cor castanha escura e tomentosa, é contínua no mamilo, dividindo-se noutras partes em grandes escamas planas sobre um fundo, placas marginais bastante grandes, orientadas radialmente, com uma margem direita a ondulada, fissuradas com a idade. O longo estipe central é cilíndrico, reto, com uma base bulbosa bem definida, oca, dura e muito fibrosa. A estípite tomentosa é mosqueada em alguns pontos, castanha muito escura sobre fundo branco. O complexo anelar esbranquiçado é móvel, com escamas castanhas na parte inferior. O himenóforo tem lamelas livres, é muito apertado, claramente colarado, ventrículo, creme rosado ou subtilmente laranja pálido, largo com lamelas sub-regulares e coloridas. O esporo é esbranquiçado e oco.

Habitat e ecologia. Os esporóforos de *Macrolepiota Africana* são geralmente solitários, húmicos e saprotróficos na folhada. Encontram-se em florestas primárias e secundárias, pousios, campos de culturas alimentares e mesmo em prados.

Comestibilidade. A polpa espessa e branca dos esporóforos de *Macrolepiota Africana* é inalterável ou torna-se castanha com a idade e tem um odor forte e agradável.

MACROLEPIOTA PROCERA (Heim) Heinem.

Nomes vulgares. Lepiote elevee, Parasol, ou Coulemelle, Golmote, Champignons a bague, Nez-de-chat

[6]**Nomes comuns: Vid** (Ewondo), **Mbel** (Eton)

Identificação. *A Macrolepiota procera,* também conhecida vulgarmente como Coulemelle, é uma espécie de fungo basidiomiceta comestível da família das Agaricacees e do género *Macrolepiota*. É fácil de reconhecer. Quando jovem, assemelha-se às baquetas de um bombo; mais tarde, alarga-se para formar um grande guarda-sol escamoso. Quando o chapéu está aberto, assemelha-se a um guarda-chuva. É muito comum nas regiões temperadas. Pode ser confundida com a sua sósia tropical de escamas verdes, a altamente tóxica lepiote de Morgan (*Chlorophyllum*), mas também com espécies mais pequenas e tóxicas.

O chapéu é ovado, esférico no início, depois em forma de guarda-chuva, com um mamilo bem marcado, castanho-claro, bistre ou cinzento e grandes escamas castanhas escuras, comprimidas, com um revestimento seco cinzento-avermelhado. As lamelas livres e dispersas do pé são brancas a amareladas. A pata longa é cilíndrica, inchada na base, formando um bolbo fibroso castanho-acinzentado, em forma de tigre com penugem castanha (exceto no bolbo).

Apresenta um anel de estrutura complexa, franjado, branco em cima e castanho em baixo, capaz de, no final, deslizar ao longo do pé como um anel à volta de um dedo. A polpa é fina e macia, frágil e tenra no chapéu, de cor branca, tornando-se avermelhada. Os esporos brancos são amplamente ovóides, com um poro germinativo visível.

Habitat e ecologia. A clematite desenvolve-se bem em solos ácidos. Muito comum debaixo das árvores ou nos jardins, a sua floração é bastante tardia. Pode ser encontrada entre setembro e novembro.

Comestível. Exceptuando o pedúnculo, que é demasiado fibroso e duro, o Lepiote elevee é um excelente alimento, desde que seja colhido jovem, quando está tão firme como uma campânula de bumbo. É cozinhado na grelha, o que realça melhor o seu sabor e cheiro a nozes.

NUNCA CONFUNDIR O LEPIDOPTERIS ROSA COMESTÍVEL COM O LEPIDOPTERIS COMESTÍVEL
COM *CHLOROPHYLLUM MOLYBDTES, UM* FUNGO TÓXICO.

Les lamelles vertes sont indicatrices de la toxicité de ce champignon *Chlophyllum molybdites*

As lamelas verdes são indicativas da toxicidade deste fungo *Chlophyllum molybdites.*

CHLOROPHYLLUM Massee

Chlorophyllum molybdites

Chlorophyllum é um género de fungos Basidiomycetes da ordem Agaricales e da família Agaricaceae. Juntamente com as espécies do género *Macrolepiota,* são as formas gigantes do género

Lepiotas. Algumas espécies são altamente tóxicas, como o Lepiote de Morgan (*Chlorophyllum molybdites*), e é preciso ter cuidado para não as confundir com o Lepiote elevee (*Macrolepiota procera*) e outras espécies comestíveis. O género *Chlorophyllum* provém de um dos dois clados (tribos) do antigo género *Macrolepiota*. A única diferença que resta entre os dois géneros é a cor do esporo (verde para *Chlorophyllum* e branco para *Macrolepiota*).

Tableau 8 Caraterísticas gerais dos *Chlorophyllum* ou cogumelos com lamelas e esporos verdes

Chapéu: Chapéu coberto de escamas devido ao rasgamento da cobertura.
Lamelas: Grandes **e verdes** com uma enorme superfície himenial
Pés : Tigre com um anel móvel
Anel: Único, escamoso ou duplo e móvel, persistente ou fugaz
Polpa: Branca, tenra e espessa
Esporos: Verde
Cor : Branco cremoso
Estado trófico : Saprotrófico
Cultivabilidade: Cultivável

Nos Camarões, apenas *a Chlorophyllum molybdites* é aparentemente comestível e tóxica para algumas pessoas.

CHLOROPHYLLUM MOLYBDITES (G. Mey.) Massee

Nome comum. Lepiote de Morgan ; Falsa coulemella ou Coulemella com esporos verdes

Nome vernáculo. **Vid** (Ewondo), **Mbel** (Eton)

Identificação. *O Chlorophyllum molybdites* é um fungo Basidiomycete da ordem Agaricales, bastante comum em regiões tropicais. O seu consumo pode causar **síndromes gastrointestinais graves.** É o cogumelo venenoso mais consumido na América do Norte e a principal causa de intoxicação dos europeus que vivem no estrangeiro ou em regiões tropicais. Este facto parece dever-se ao seu aspeto carnudo e convidativo, à sua presença comum nas proximidades das habitações e, sobretudo, à sua semelhança com certos cogumelos conhecidos como bons comestíveis, como a coulemella (Lepiote elevee), o lepiote deguenillee (coulemella rougissante) ou o coprin chevelu. No entanto, é fácil de identificar pelas suas **lâminas verdes quando maduras**, desde que se disponha de exemplares com 2 ou 3 dias de idade, tempo necessário para a maturação dos esporos verdes.

O Lepiote de Morgan é um cogumelo atrativo, com um chapéu de 3 a 15 (e até 40) cm de diâmetro, inicialmente hemisférico e depois convexo, achatado na parte superior ou com um mamilo, tornando-se mais achatado na extremidade, de cor esbranquiçada quando jovem, quando ainda está coberto quase inteiramente pelo véu geral comprimido, mais tarde quebrado em grandes escamas acastanhadas escuras sobre um fundo bege, que lhe dão este aspeto mais ou menos aveludado. As lâminas livres, bem compactadas, são brancas-creme durante muito tempo, por vezes com um brilho mais ou menos acinzentado, podendo permanecer assim durante vários dias (daí o perigo de confusão com a coulemella), tornando-se castanho-oliva e depois verde-escuro apenas à medida que amadurece, antes de se tornar verdete e empalidecer com o envelhecimento. Esta cor deve-se ao seu esporo verde caraterístico, que está na origem do nome de género Chloro (=verde) + phyllum (=lâminas), originalmente criado apenas para este efeito. O seu pé é longo e sólido, com 5 a 22 (e até 25) cm de altura e 0,5 a 2 cm de espessura, e termina num bolbo abrupto com 1 a 3 cm de comprimento. Apresenta um anel complexo e colorido (branco na face superior e acastanhado na face inferior), móvel e deslizante. A sua superfície é quase glabra e não apresenta sulcos particulares, ao contrário do pé da coulemella (lepidóptero alto), que apresenta geralmente um padrão de "pele de cobra".

Habitat e ecologia. *A Chlorophyllum molybdites* cresce em tropas ou círculos de bruxas fora da Europa, em toda a zona temperada, nos trópicos e subtrópicos, especialmente em parques e jardins, em relvados, em estufas de jardins botânicos ou em vasos de flores. Os esporóforos aparecem geralmente durante a curta estação seca (julho - agosto) e a longa estação chuvosa de setembro a novembro.

Comestibilidade. A carne do lepiote de Morgan é branca a mais ou menos avermelhada, com um sabor suave e um odor impercetível.

Toxicidade. A toxicidade é variável ou inconstante. Os sintomas são principalmente gastrointestinais, com início 1 a 3 horas após a ingestão: náuseas, irritação do aparelho digestivo, seguida de uma fase de vómitos violentos, por vezes sanguinolentos, e de diarreia, frequentemente sanguinolenta, acompanhada de dores abdominais em cólica. Embora estas intoxicações possam ser graves, nomeadamente devido à desidratação e a um eventual choque hipovolémico, até à data nenhuma causou a morte. Foram registados numerosos casos de intoxicação por lepra de Morgan em certas zonas rurais e cidades dos Camarões.

Os esporóforos de *Chlorophyllum molybdites* frutificam em tropas nos relvados dos jardins. Não confundir com o lepiote elevee.

MARASMIUS P.

Marasmius (Marasmus) é um género de fungos Basidiomycetes da família Marasmiaceae. Estão intimamente relacionados com a collybia e, tal como esta, têm um talo duro com uma consistência de

São pequenos, mesmo minúsculos, geralmente resistentes em tempo seco e muitas vezes higrófagos. Trata-se de cogumelos pequenos, ou mesmo minúsculos, geralmente duros em tempo seco, muitas vezes higrófagos, e apenas

algumas espécies grandes são colhidas para consumo. Estes cogumelos, geralmente gregos, têm uma consistência dura, um chapéu que seca sem apodrecer e uma base cartilaginosa com esporos brancos. As espécies da secção *Marasmius* têm um colário tubular distinto.

São fungos saprotróficos humícolas ou lenhícolas que podem ser muito abundantes em ambientes ricos em matéria orgânica. A maioria das espécies não parece ter preferência por um substrato específico. Podem ser reconhecidos pelos seus esporóforos, que apresentam um chapéu e pé central, excêntrico ou lateral reduzido, sem um véu universal. O chapéu, de tamanho pequeno a médio, é convexo, plano, por vezes mamelonado ou radialmente estriado, liso, seco, branco, amarelo, laranja, bege, castanho ou acinzentado. As lamelas brancas, amareladas ou acinzentadas e variadas são lisas, enrugadas, rugosas, estriadas, adnatas, livres ou ligadas por um colar. O pé central, excêntrico ou reduzido lateralmente, é cilíndrico, espesso ou fibroso, curto ou muito longo, sem véu parcial ou anel. A carne é geralmente dura e revivorante. A maior parte das espécies de *Marasmius* consumidas crescem em zonas florestais. Nas zonas florestais dos Camarões, as comunidades locais comem apenas uma espécie, *o Marasmius katangensis*.

Tableau 9 Caraterísticas gerais dos Marasmas ou Cogumelos que são geralmente grandes e têm uma consistência dura

Tampa: Seca sem apodrecer Lâminas: Brancas
Pés : Cartilaginosos
Esporos : Brancos
Sporee : Branco
Estado trófico : Saprotrófico Comestibilidade : Bem comestível Cultivabilidade : Cultivável

MARASMIUS ARBORESCENS (Henn.) Beeli

Nome comum. Falsa árvore anã

Nomes comuns. Vio (Ewondo), **Mbel** (Eton)

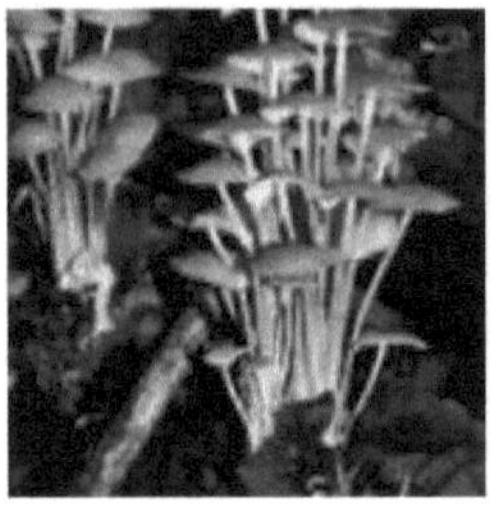

Identificação. Os esporóforos de *Marasmius* arborescens são fasciculados, em tufos, por vezes em feiticeiras. Reconhecem-se facilmente pelo gorro, que é subcampanulado a subgloboso-cónico com uma margem larga, depois convexo a plano com um centro ligeiramente deprimido e ligeiramente enrugado; a pileipela é seca, glabra, sub-higrófana, primeiro estriada de forma transparente na margem e depois até ao meio do raio, lisa a ligeiramente rugosa, branca ou esbranquiçada ou cremosa, amarelo-alaranjada ou laranja-castanha no centro. O estipe, subcilíndrico, frequentemente comprimido, pulverulento, pruinoso a tomentoso, é oco, branco ou colorido com um gorro no ápice, castanho-avermelhado sujo, bege, ocre a castanho-avermelhado escuro na parte inferior. O micélio tomentoso basal é de cor creme. O himenóforo tem lamelas densas e numerosas, adnadas a adnadas-subdecorrentes, é estreito, amarelo-pálido com uma tonalidade laranja-creme ou branca e uma margem colorida, finamente pubescente, inteira ou ligeiramente irregular. O esporo é branco.

Habitat e ecologia. Os esporóforos de *Marasmius arborescens* são geralmente aglomerados, húmicos e saprotróficos para o solo. Os esporóforos fasciculados frutificam em tufos, por vezes em covas. Frutificam em meados da principal estação das chuvas (outubro), em florestas primárias e secundárias, raramente em pousios e em certas plantações antigas de palmeiras (*Elaeis guineensis).*

Comestibilidade. Os esporóforos *de Marasmius arborescens* raramente são colhidos para cozinhar devido aos seus caules alongados e à sua cor viva, que se decompõe muito rapidamente. Além disso, as comunidades florestais do sul dos Camarões consideram a sua polpa fina, branca a esbranquiçada, bastante quebradiça, com um odor a amêndoa, amargo a fúngico. O seu sabor é doce e agradável.

MARASMIUS BEKOLACONGOLI Beeli

Nome comum. Falsa ratazana do Katanga

Nome vernáculo. Abon si (Bulu)

Identificação. Os esporóforos de *Marasmius bekolacongoli* podem ser reconhecidos pelo seu chapéu grande, muito fino, translúcido, arroxeado, radialmente estriado de amarelo. O chapéu de *Marasmius bekolacongoli* é campanulado e depois plano-convexo, com um centro deprimido. O pileipelo, castanho-púrpura, sem pêlos, é fortemente sulcado, estriado por transparência, nunca duro, enrugado na margem, vermelho-escuro ou vermelho-acinzentado no centro e nas estrias, branco-amarelado a amarelo-acinzentado ou amarelo-limão nas outras partes. O estipe superior é amarelo-pálido e depois amarelo-acinzentado, cilíndrico, oco, sem pêlos, liso, subtilmente sulcado longitudinalmente quando maduro, por vezes tingido de lilás quando jovem e depois castanho-claro a castanho. O himenóforo, branco-amarelado ou amarelo-limão pálido, com lamelas distantes a muito distantes, adnatas a quase livres, é relativamente largo, não intervindo, mas frequentemente rugoso entre as lamelas com um bordo esbranquiçado. As lamelas são muito espaçadas. O estipe alongado termina em micélio basal abundante. Os esporos são brancos.

Habitat e ecologia. Os esporóforos de *Marasmius bekolacongoli* frutificam isoladamente ou em pequenos grupos. *O Marasmius bekolacongoli* é saprotrófico na folhada e, juntamente com o abundante micélio basal branco e tomentoso, forma uma camada feltrada maciça e larga na folhada. Frutifica na vegetação rasteira durante a curta estação das chuvas em florestas secundárias.

Competitividade. A polpa lilás-clara a castanha, muito fina, dos esporóforos *de Marasmius bekolacongoli* tem um odor a fungos e um sabor suave, que as comunidades de Boulou consideram delicioso e utilizam numa variedade de sopas.

MARASMIUS KATANGENSIS Sing.

Nome comum. Falsa ratazana do Katanga

Nome vernáculo. Abon si (Bulu)

Identificação. O musgo falso do Katanga é facilmente reconhecido pelo seu chapéu macio, liso, convexo e bicolor, de cor vermelho-tijolo no centro, com margens brancas lisas e lamelas brancas livres e apertadas, com margens brancas lisas e lamelas brancas livres e apertadas. A base branca é cilíndrica, elástica e sem pêlos, lisa, subtilmente sulcada longitudinalmente quando madura, amarelo-pálido e depois amarelo-acinzentado na parte superior, por vezes tingida de lilás quando jovem, e depois castanho-claro a castanho. O revestimento é fortemente sulfuroso, com estrias transparentes, sem pêlos, nunca violáceo, de cor vermelha baça ou vermelha acinzentada no centro e com estrias amarelas acinzentadas ou castanhas.

amarelo-limão noutros locais.

O himenóforo lamelar é distante a muito distante, adnato a quase livre, relativamente largo, não intervindo mas muitas vezes rugoso entre as lamelas, branco-amarelado ou amarelo-limão pálido com uma creta esbranquiçada. O esporo é branco.

Habitat e ecologia. *O Marasmius katangensis* é um fungo saprotrófico comestível que cresce no solo ou em folhas em decomposição, num tapete macio, em grupos abundantes, muitas vezes em círculo. É recolhido numa variedade de habitats, incluindo florestas tropicais densas e florestas secundárias abertas, florestas de galeria, plantações de palmeiras (*Elaeis guinensis* Jacq.), pousios e ao longo de caminhos que conduzem a campos de culturas alimentares durante a estação das chuvas.

Comestibilidade. A polpa branca dos esporóforos *do Marasmius katangensis* é tenra, muito fina, de cor lilás clara a castanha, com um odor a fungos e um sabor suave. É um cogumelo comestível muito procurado, frequentemente cozinhado imediatamente após a colheita.

PLUTEUS (Fr.) Staude

Muito parecida com a volva, a **plutea** tem lamelas cor-de-rosa como a volva; no entanto, não tem volva, o seu chapéu é facilmente separável do pé e vive em cepos, troncos de árvores caídos e, por vezes, em camas, onde algumas espécies atingem grandes dimensões. A sua falta de sabor após a cozedura torna-o pouco interessante. Não é para a corça que ronda as florestas: o seu nome comum provém do facto de os veados gostarem de o comer.

Tableau 10 Caraterísticas gerais dos *Pluteus* ou cogumelos de cor castanha com chapéu viscoso

Chapéu: liso, fibroso ou pubescente, castanho escuro

Lâminas: apertadas, flexíveis

Pé: direito, cilíndrico, fibroso

Esporos: Amplamente elipsoidais, lisos, cinzento-rosados

Sporee : Ocre avermelhado

Estado trófico : Saprotrófico

Comestibilidade : Sem interesse

Nos Camarões, apenas uma espécie de Plutee é consumida pelos idosos das comunidades Bulu.

PLUTEUS CAMERUNENSIS

Nome comum. Plutão sénior

Nomes vernáculos. Assakokutu (Bulu)

Identificação. O Plutee sénior pode ser reconhecido pelo seu grande tamanho na vegetação rasteira durante a estação seca, com um chapéu castanho-avermelhado ligeiramente convexo,

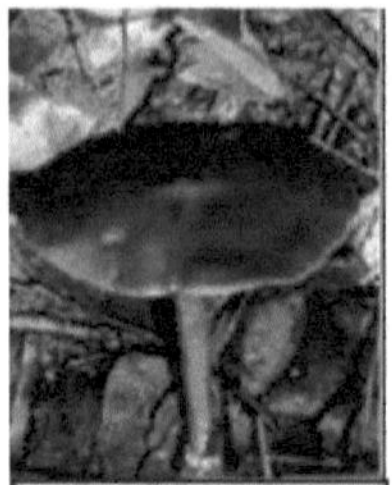

Pluteus cameruneensis

viscoso, com uma margem lisa. As lamelas são acastanhadas, livres e espaçadas. O pé incolor é reto, oco, muito quebradiço e liso. A polpa amarelada é fina e fibrosa.

Habitat e ecologia. Os esporóforos de *Pluteus camerunensis* frutificam solitariamente na vegetação rasteira das florestas secundárias durante a estação seca.

Comestibilidade. Os esporóforos de *Pluteus camerunensis* são comestíveis sem interesse culinário, autorizados exclusivamente aos idosos, para evitar o má sorte para homens e mulheres jovens, daí o significado em Bulu do seu myconimy.

PLEUROTUS (Fr.) P. Kumm.

Pleurotus (Pleurotes) é um género de fungos Basidiomycetes caracterizado pelo seu pé excêntrico. Agrupa cerca de cinquenta espécies que dão frutos a partir do pé

na curta estação chuvosa, entre março e maio, e depois novamente durante a longa estação chuvosa, nos troncos e cepos de várias espécies de árvores, em tufos apertados e por vezes muito grandes.

"Os verdadeiros pleurotos (género *Pleurotus*) e os seus vizinhos (*Hohenbuehelia*, *Lentinus*, *Lentinellus*...) têm em comum um chapéu de forma muito variável (geralmente branco baço, cinzento ou castanho), com lâminas decurrentes e um pé excêntrico ou lateral curto ou mesmo ausente, o que lhes confere uma silhueta "pleurotóide" (aspeto assimétrico como um pleuroto em forma de ostra). A sua carne branca (por vezes amarelada), fibrosa, é bastante firme a coriácea ou gelatinosa, cheirando por vezes a farinha ou a anis. O esporo é branco a cremoso, por vezes acinzentado a rosado. A maior parte das espécies são monomíticas, ou seja, apresentam apenas um tipo de hifa, o que lhes confere uma consistência macia. Apenas *Pleurotus dryinus* pode, por vezes, ser dimítico, o que significa que tem hifas esqueléticas adicionais que lhe conferem uma consistência mais firme, como os poliporos. Os esporos são lisos e alongados (descritos como cilíndricos).

O género *Pleurotus* compreende um grupo de fungos ligninolíticos comestíveis (agentes da podridão das fibras) com propriedades medicinais e importantes aplicações biotecnológicas e ambientais. O cultivo de *cogumelos Pleurotus* expandiu-se muito nos últimos anos, especialmente para a indústria alimentar. *O Pleurotus ostreatus* é o terceiro cogumelo mais importante cultivado para fins alimentares. Do ponto de vista nutricional, tem um sabor e propriedades aromáticas únicos e é considerado rico em proteínas, fibras, hidratos de carbono, vitaminas e minerais. Das cerca de sessenta espécies inventariadas**, nenhuma é** conhecida como **tóxica** (o pleuroto, que é tóxico, está agora classificado noutra família).

Quase uma dúzia de espécies carnudas, não muito resistentes, são bons comestíveis. *Os Pleurotus* são cogumelos medicinais promissores, com propriedades hematológicas, antivirais, antitumorais, antibióticas, antibacterianas, hipocolesterolémicas e imunomoduladoras. As moléculas bioactivas isoladas de diferentes espécies de pleurotos são polissacáridos. Um dos aspectos mais importantes do *Pleurotus* spp é a utilização do seu sistema ligninolítico para uma variedade de aplicações, tais como a bioconversão de resíduos agrícolas em produtos úteis para a alimentação animal e outros produtos alimentares e a utilização das suas enzimas ligninolíticas para a biodegradação de organopoluentes, xenobióticos e contaminantes industriais.

O Pleurotus ostreatus e *o Pleurotus eryngii* são ambos cultivados para consumo. *O Pleurotus ostreatus* é cultivado na Europa, na América e na Ásia. É cultivado num substrato estéril de resíduos vegetais. Atualmente, também é possível cultivá-los em casa, em grandes sacos de serradura ou utilizando kits prontos a cultivar. Os cogumelos ostra crescem em madeira morta ou em troncos de madeira dura e são uma adição bem-vinda a molhos, omeletas e caça. Nem todos os cogumelos ostra são comestíveis, mas nenhum é venenoso.

Tableau 11 Caraterísticas gerais dos pleurotos ou cogumelos de sabor fino

ligeiramente anisado

Chapéu: Convexo quando jovem
Ripas: Decorrentes
Pé : Excêntrico
Esporos : Lisos e alongados
Esporos: Brancos a creme, por vezes acinzentados a rosados
Estado trófico : Saprotrófico
Comestibilidade : Comestível
Cultivabilidade: Cultivável

Nos Camarões, pelo menos dez espécies de pleurotos são recolhidas e consumidas pelas comunidades Bantu.

PLEUROTUS CYSTIDIOSUS O.K. Mill.

Nome comum. Cogumelo-balão, cogumelo-ostra de bordo
Nome vernáculo. Vid (Ewondo), **Mbel** (Eton)
Identificação. *O Pleurotus cystidiosus* caracteriza-se pelo amarelecimento da sua carne e do seu pelo quando seco e amassado. Os esporóforos em grupo têm capas imbricadas, que se tornam amarelas quando amassadas, convexas e depois flabeladas, carnudas com uma margem lisa e depois ondulada a flexível, finamente estriadas quando transparentes. O revestimento cremoso, em tons de bege e castanho, é sub-veludo a fibroso. O pé, que pode ser nulo ou curto, é lateral a excêntrico, cheio, firme, esbranquiçado com marcas castanhas escuras e, por vezes, escamoso.
O himenóforo tem lamelas decrescentes, muito finas, bastante compactas, de cor branca a amarelada a bege, com lamelas regulares, abundantes com uma arete inteira, ondulante e colorida. O esporo é creme esbranquiçado.
Habitat e ecologia. Saprotrófica, em madeira morta, provavelmente parasitária, encontrada em florestas de montanha e florestas secundárias.
Comestibilidade. *O Pleurotus cystidiosus* é um cogumelo comestível de polpa fina, branca a ligeiramente amarela. O seu odor é ténue e agradável, com um

sabor suave, caracterizado pelo amarelecimento da polpa e das fatias durante a secagem e o esmagamento.

Farmacopeia tradicional. *Os Pleurotus* spp são promissores como cogumelos medicinais, com propriedades hematológicas, antivirais, antitumorais, antibióticas, antibacterianas, hipocolesterolémicas e imunomoduladoras. As moléculas bioactivas isoladas de diferentes espécies de pleuroto são polissacáridos.

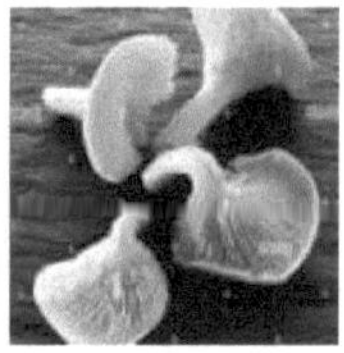

PLEUROTUS CITRINOPILEATUS Cantor

Nome comum. Cogumelo-ostra amarelo-dourado

Nome comum. **(Ebwebwe)** Bakweri

Identificação. O pleuroto amarelo dourado é um cogumelo comestível e delicado, totalmente amarelo vivo, com um sabor a nozes. Cresce em grupos de vários indivíduos, geralmente em troncos de árvores, e necessita de calor para se desenvolver corretamente. A sua bela cor amarela depende da quantidade de luz a que está exposto. O chapéu é amarelo brilhante a castanho dourado, com uma textura aveludada, enrugada e de superfície seca. As lamelas brancas são muito espaçadas e decrescentes. O caule branco é longo e cilíndrico, frequentemente curvado ou torcido.

A polpa branca é fina, com um sabor suave e sem odor forte. Os esporos são cilíndricos, elipsoidais, lisos, hialinos ou amilóides.

Habitat e ecologia. O pleuroto amarelo dourado é originário da Ásia, onde se encontra nas florestas subtropicais. Nos Camarões, é colhido nas encostas do Monte Cameroon, uma floresta com um clima sub-alpino. Os esporóforos do *Pleurotus citrinopileatus* crescem em grupos de várias dezenas de indivíduos em árvores enfraquecidas, envelhecidas ou moribundas da floresta, mas podem por vezes ser observados em resíduos florestais, como cepos.

Facilmente digerível. Graças ao seu sabor pronunciado a peixe, os cogumelos ostra amarelos são um verdadeiro sucesso nos pratos vegetarianos. É um comestível com sabor a noz que é frequentemente utilizado na preparação de muitas receitas. Graças à sua polpa carnuda e à sua textura firme, os cogumelos ostra dourados são muito apreciados nas receitas vegetarianas.

É também muito utilizado em pratos orientais. Tem um aroma ligeiramente doce e uma polpa sumarenta. *O Pleurotus citrinopileatus* (pleuroto amarelo) tem uma forma e cor amarela brilhante e atraente, com um aroma muito apelativo para os consumidores, mas tem uma textura frágil. Este facto torna-o difícil de embalar.

Farmacopeia tradicional. *O Pleurotus citrinopileatus* é rico em biomoléculas e tem potencial para ser utilizado em produtos farmacêuticos e nutracêuticos, com efeitos benéficos nas funções eficazes do fígado e dos rins no tratamento da síndrome metabólica.

PLEUROTUS CORNUCOPIODES Cantor

Nome comum. Cogumelo-ostra

Nome comum. Vid (Beti), **Mbel** (Eton)

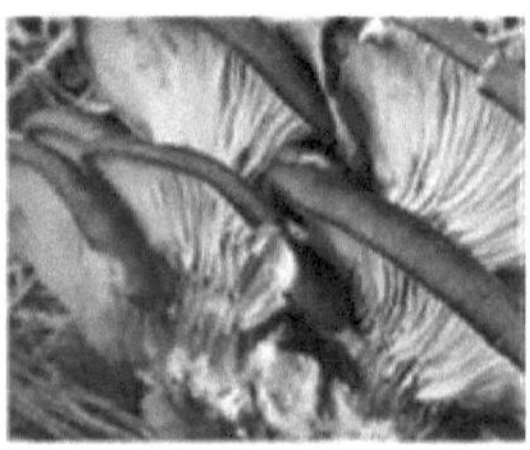

Identificação. Os esporóforos do pleuroto são cónicos ou em forma de funil, inicialmente escamosos, depois glabros, de cor avelã, muitas vezes tingidos de rosa. As lamelas esbranquiçadas são decrescentes, bastante estreitas e unidas na base por anastomoses transversais, formando assim uma rede solta e alongada no pé. A base branca é excêntrica, curvada e geralmente ramificada. Os esporos, ligeiramente lilás-rosados, são elipsoidais e alongados.

Habitat e ecologia. Os esporóforos do pleuroto crescem em tufos, ramificando-se na base, em troncos de árvores velhas durante a estação seca. É um dos fungos carnívoros.

Comestível. Bom comestível quando jovem. A polpa branca é fina e macia com um cheiro ligeiramente rançoso e farinhento. Não colher os exemplares velhos e muito duros.

PLEUROTUS DJAMOR (Rumph ex Fr.) Boedjin

Nome comum. Cogumelo ostra cor-de-rosa

Nomes vernáculos. **Vio** (Ewondo), **Mbel** (Eton)

Identificação. Os esporóforos de *Pleurotus djamor* são facilmente reconhecidos pela cor rosa uniforme da pileipela e pelo hábito de crescimento cespitoso. O chapéu irregularmente flabelado e achatado tem uma pileipela ligeiramente deprimida, romba e estriada, com uma margem peluda de cor bege-azeitona, branca na margem, estriada e sedosa. O estipe muito curto é lateral e tomentoso. O himenóforo branco tem lamelas decurrentes, bastante apertadas, com uma margem colorida. O esporo é branco.

Habitat e ecologia. Os esporóforos de

O Pleurotus djamor frutifica em tropas, saprotroficamente sobre madeira em decomposição, em florestas primárias e secundárias húmidas.

Comestibilidade. A polpa fina e firme dos esporóforos de *Pleurotus djamor* é branca, com um odor agradável e um sabor suave. A sua frutificação é irregular nas florestas do sul dos Camarões. No entanto, as comunidades Fang de Ebimnbang, perto de Bipindi, consideram-no muito bom comestível quando aparece na estação das chuvas.

PLEUROTUS FLABELLATUS (Berk. & Broome) Sacc

Nome comum. Cogumelo-ostra

Nome comum. **Vid** (Beti), **Mbel** (Eton)

Identificação. *O Pleurotus flabellatus* é uma espécie de cogumelo bastante conhecida, uma vez que certas espécies são muito populares. Esta espécie pode ser confundida com o *Neonothopanus hygrophanus*, mas a cor do seu revestimento peludo é uniforme e a sua polpa não é amarga. Distingue-se do *Pleurotus djamor* pantropical pela ausência de pilosidade no chapéu e no pé. O chapéu imbricado é irregularmente flabelado, convexo e depois achatado a ligeiramente deprimido, com uma margem primeiro curva, depois ondulada e recurvada quando madura, por vezes incisa, finamente estriada, não sulcada. A epiderme, de cor branca, por vezes rosada quando jovem e depois creme a marfim quando adulta, é glabra a ligeiramente tomentosa no centro. O pé, que pode ser nulo ou curto, é lateral a excêntrico, raramente central, sólido, firme, branco, finamente tomentoso e glabrescente. O micélio basal é extenso. As lamelas brancas, decrescentes e finas estão bastante próximas umas das outras, ligeiramente interveiculadas na base, com lamelas regulares e abundantes e uma arete inteira e colorida. Os esporos e os esporos são brancos.
Habitat e ecologia. Os esporóforos de *Pleurotus flabellatus* crescem em grupos sobre madeira morta em florestas secundárias densas e húmidas durante todo o ano.
Comestibilidade. A polpa do *Pleurotus flabellatus* é branca e fina, um pouco dura, com um cheiro agradável e um sabor suave.

PLEUROTUS LUTEOALBUS Beeli

Nome comum. Cogumelo-ostra
Nomes comuns. Vio (Ewondo), **Mbel** (Eton)
Identificação. Os esporóforos de *Pleurotus luteoalbus* podem ser reconhecidos pela coloração espetacular dos seus capuzes, que começam por ser cor-de-rosa e depois amarelo vivo, e das suas lamelas, que começam por ser cor-de-rosa na fase juvenil e depois amareladas a esbranquiçadas. Os gorros imbricados são

flabeliformes a reniformes, conchiformes ou espatulados, convexos e depois achatados a ligeiramente deprimidos, com margens inicialmente infelicitadas, inteiras ou lobadas. A pileipela é amarelo-alaranjada a rosada quando jovem, tornando-se amarelo-palha a esbranquiçada quando madura, lisa ou com estrias radiais finas, sem pêlos. O pé esbranquiçado a rosado, sem pêlos, é curto, lateral ou excêntrico, raramente central, cilíndrico a afunilado para baixo, sólido e firme. O himenóforo tem lamelas largas e decurrentes, é fino, bastante apertado, cor-de-rosa e depois progressivamente esbranquiçado, lamelas regulares, com um bordo abundante e inteiro, corado. O esporo é branco.

Habitat e ecologia. Os esporóforos de *Pleurotus luteoalbus* frutificam em bandos durante a principal estação das chuvas. Os pleurotos são saprotróficos em madeira em decomposição na floresta primária densa do Sul do Cameron.

Comestibilidade. A polpa fina, esbranquiçada a amarelada dos esporóforos de *Pleurotus luteoalbus* abaixo da superfície tem um cheiro agradável e um sabor suave. Este facto torna-a deliciosa nas comunidades florestais Bantu.

PLEUROTUS OSTREATUS (Fr.) P. Kumm

Nome comum. Cogumelo ostra; cogumelo pérola

Nome comum. Vid (Beti), **Mbel** (Eton)

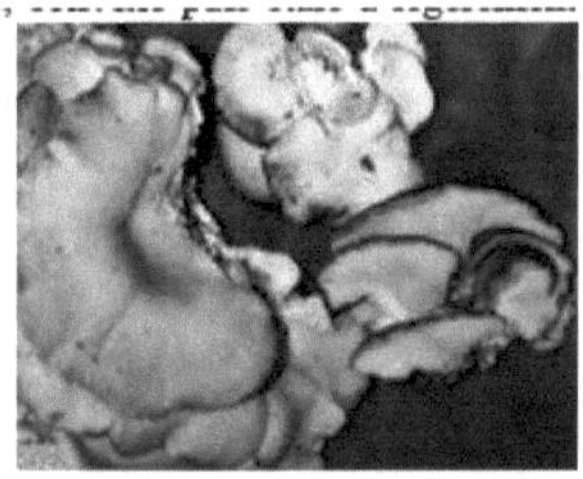

Identificação. Os esporóforos de *Pleurotus ostreatus* podem ser reconhecidos pelo seu chapéu imbricado, irregularmente flabelado, convexo e depois ligeiramente espalhado.

A margem do folíolo é inicialmente enrugada, depois cerosa e involuta quando madura, por vezes incisa, mas finalmente estriada, sem sulcos. As pileipelas brancas, por vezes tingidas de cor-de-rosa quando jovens, e depois de creme a marfim quando maduras, são glabras a ligeiramente tomentosas no centro. O pé branco é ausente ou curto, lateral a excêntrico, raramente central, sólido, firme, finamente tomentoso e glabro. O micélio básico é extenso. O himenóforo branco com lamelas decrescentes é fino, bastante apertado, ligeiramente intervejado na base, com lamelas regulares e abundantes. As extremidades são inteiras e coloridas. Os esporos e o esporo são brancos.

Habitat e ecologia. *Pleurotus ostreatus* é um fungo saprotrófico que se desenvolve em grupos sobre madeira morta e vários outros substratos, mesmo madeira viva, em vários habitats florestais ao longo do ano. O seu micélio mata e digere os nemátodos, o que sugere uma forma de o fungo obter azoto. Quando crescem em madeira moribunda, actuam como saprotróficos, em vez de parasitas. À medida que a árvore morre por outras causas, *o Pleurotus ostreatus* cresce rapidamente, aumentando a massa de madeira morta e em decomposição. Este facto beneficia, de facto, a floresta ao decompor a madeira morta, devolvendo elementos minerais vitais ao ecossistema, numa forma que pode ser usada por outras plantas e organismos. Os cogumelos pérola são também utilizados para criar tijolos de micélio e produtos de couro.

Os cogumelos ostra acumulam lítio biologicamente. Têm sido utilizados para tratar solos poluídos por gasóleo. Conseguiram converter 95% do combustível em componentes não tóxicos. *O Pleurotus ostreatus* também é capaz de crescer e degradar sacos de plástico oxo-biodegradáveis. É também capaz de contribuir para a degradação de polietilenos verdes.

Comestibilidade. A polpa branca do *Pleurotus ostreatus* é fina e ligeiramente dura, com um cheiro agradável e um sabor suave. É rica em proteínas, fibras digestivas, hidratos de carbono, vitaminas e minerais. É um bom alimento que foi cultivado na Alemanha durante a Primeira Guerra Mundial como medida de subsistência. Atualmente, é cultivado comercialmente em todo o mundo como alimento. [e]*O Pleurotus ostreatus* é o 3 melhor cogumelo cultivado como alimento no mundo. A nível nutricional, tem um sabor e propriedades aromáticas únicos.

Farmacopeia tradicional. *Pleurotus ostreatus* tem propriedades anti-humorais devido aos seus polissacáridos.

PLEUROTUS PULMONARIUS (Fr.) P. Kumm

Nomes comuns. Ostra indiana, ostra italiana, cogumelo Fénix, cogumelo ostra pulmonar.

Nomes comuns. Vid (Beti), **Mbel** (Eton)

Identificação. *O Pleurotus pulmonarius* é muito semelhante ao *Pleurotus ostreatus*, o pleuroto, mas com ligeiras diferenças. O chapéu do *Pleurotus pulmonarius* é mais pálido e mais pequeno do que o *do Pleurotus* ostreatus.

que tem uma base mais desenvolvida e um chapéu mais largo com uma margem profundamente enrugada. O chapéu, de forma espatulada ou reniforme, é convexo, tornando-se convexo e depois achatado e um pouco deprimido na extremidade, com uma margem lisa e ligeiramente ondulada, de cor esbranquiçada a cremosa e por vezes bege. As lamelas são fortemente decurrentes, finas e apertadas, duplicadas com lamelas brancas a esbranquiçadas. O pé, fortemente excêntrico ou no prolongamento do esporóforo, é curto e maciço, mas por vezes alongado, da mesma cor que as lamelas e tornando-se mais escuro em direção à base. Os esporos são brancos a amarelados ou mesmo cinzentos-lavanda quando compactos e mais ou menos cilíndricos. O esporo é de cor branca a amarelada.

Habitat e ecologia. O pleuroto pulmonar cresce principalmente em cepos, troncos e ramos mortos de florestas densas e húmidas. É frequentemente colhido de meados de setembro a finais de novembro. Também prefere climas mais quentes e aparece mais tarde na curta estação seca. O sabor e o cultivo das duas espécies são geralmente considerados idênticos. *O Pleurotus pulmonarius* está muito presente nas florestas temperadas e subtropicais.

Comestibilidade. O pleuroto pulmonar é a espécie de pleuroto mais cultivada na Europa.

Europa e América do Norte. A sua carne não tem ou tem apenas uma ligeira exalação.

fungos. As variedades mais populares para cultivo são as variedades de clima quente, muitas vezes comercializadas pelos produtores sob o nome incorreto de "*Pleurotus sajor- caju*". Os cogumelos ostra são cultivados comercialmente na Nova Zelândia e são por vezes vendidos sob o nome de "Oyster mushrooms".

Esta é a espécie de pleuroto mais cultivada na Europa e na América do Norte.

Farmacopeia tradicional. *O Pleurotus pulmonarius* pode abrandar a proliferação das células cancerosas, graças a um elevado teor de galectina-3, e reduzir a adesão das células tumorais. Esta está diretamente ligada à progressão e à propagação do cancro. O pleuroto pulmonar poderia ser eficaz no tratamento da rinite alérgica, inibindo a libertação de histamina.

PLEUROTUS TUBER-REGIUM (Fr.) Cantor

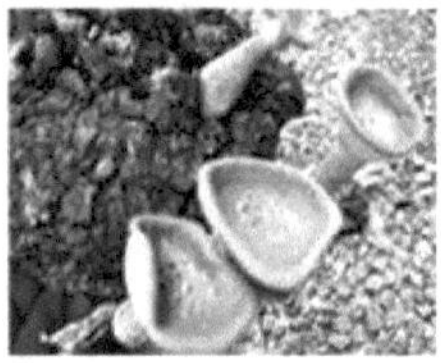

Nomes comuns. Pleurote en huitre au sclerote royal ; Excrement surnaturel
Nomes comuns. Dunda (Bulu, Fang), **Duna** (Eton)
Identificação. *O Pleurotus tuber-regium* é facilmente reconhecido pelos seus esporóforos grandes, nitidamente tomentosos e com pés, que emergem sempre de um esclerócio grande, globular e geralmente subterrâneo. [7]O cogumelo real sclerotus pode ser reconhecido pelos seus esporóforos solitários ou gregários, que emergem de um esclerócio subterrâneo. O chapéu, infundibuliforme e deprimido no centro, é carnudo, flexível e coriáceo com a idade; a margem, inteira e iigúcida, é curvada e depois inflexionada, por vezes brevemente incisa e laciniada, e subtilmente revestida de restos do véu quando jovem. A superfície seca, inicialmente com tomentum, é escamosa e detrítica, depois lisa, mate, cinzenta esbranquiçada, raramente castanha clara a ocre, com pequenas escamas comprimidas, concêntricas, coloridas ou mais escuras no centro. O pé central, por vezes excêntrico, é espesso, cilíndrico, moderadamente alargado na base, sólido, corado no chapéu, furfuráceo a tomentoso ou subescamoso a villeux-tomentoso na parte que emerge do esclerócio. Os esclerócios subterrâneos são volumosos, de forma variável, geralmente globosos, sólidos, com uma crosta exterior castanha-acinzentada a castanha-escura. O himenóforo contém lamelas profundamente decrescentes, sublineares a muito estreitas, muito apertadas,

[7] "O esclerócio é uma estrutura micelial densa, com a forma de uma bola subterrânea dura, na qual nascem os esporóforos". O esclerócio de *Pleurotus tuber-regium* é um esclerócio "verdadeiro", isto é, constituído por um invólucro exterior, o córtex, e uma polpa, a medula. Os esclerócios verdadeiros são distintos dos pseudoesclerócios, encontrados noutras espécies de fungos, que são simplesmente aglomerados de células.

irregularmente bifurcadas, por vezes interveiculadas perto da base, de cor esbranquiçada a creme e depois concolores no chapéu, com numerosas lamelas em séries regulares e uma arete inteira, concolor, tornando-se mais escuras com a idade. Os esporos e os esporos são brancos.

Habitat e ecologia. *O Pleurotus tuber-regium* é um fungo originário das regiões tropicais e subtropicais de África, Ásia e Malásia. É um saprótrofo de florestas densas e secundárias, savanas secas, campos agrícolas e jardins. Ao consumir a madeira morta, o excremento natural do fungo produz os esclerócios ou tubérculos de armazenamento, quer no interior da madeira em decomposição, quer no subsolo. ou no subsolo. Estes

Os esclerócios são redondos, castanhos escuros com um interior branco puro e medem até 30 cm de altura.

Comestibilidade. Os esporóforos e os esclerócios de *Pleurotus tuber-regium* são utilizados na culinária. A polpa branca é granulosa e firme no interior, com uma base fibrosa,

grosso no centro do chapéu, muito mais fino e duro na margem. Tem um odor relativamente forte e ácido, com um sabor suave e agradável. A esclerotinia é por vezes desenterrada e armazenada em casa durante vários meses. Assim que é reidratada diariamente, pode voltar a produzir esporóforos.

Medicina tradicional. Para além das qualidades nutricionais do esporóforo, o pó dos esclerócios é utilizado na medicina tradicional em muitos países africanos, nomeadamente para tratar a anemia, as perturbações gástricas e a hipertensão. Os polissacáridos do *Pleurotus-tuber-regium* são capazes de retardar a progressão da diabetes e as complicações associadas à resistência à insulina.

Valor sociocultural. A utilização de pleurotos está profundamente enraizada nas tradições culinárias e terapêuticas dos nigerianos, que são os seus maiores consumidores. Apenas o sclerotus é utilizado para fins medicinais e mágico-religiosos. Os Yorubas da Nigéria consomem-no, misturado com outros ingredientes, para curar dores de cabeça e de estômago, para combater febres ou para neutralizar os efeitos de encantos destrutivos **utilizados** pelos inimigos. Entre os Urhobo, as mulheres grávidas comem esclerócios para favorecer o desenvolvimento do embrião. Os curandeiros

Pleurotus tuber-regium

Os Ibo da Nigéria administram-no aos seus pacientes para tratar a asma, a hipertensão e as perturbações nervosas. Os esclerócios do cogumelo *Pleurotus tuber-regium*, embora comestíveis, são também utilizados pelos Wuli dos Camarões para fins puramente rituais, para combater a feitiçaria. Este cogumelo simboliza os excrementos de um par de gémeos siameses, fundadores míticos de uma poderosa sociedade secreta. Raspado e misturado com água, é colocado num recipiente secreto onde ataca os feiticeiros à distância, provocando ascite. Para além de ser saprotrófico, *o Pleurotus tuber- regium* é também nematófago. O micélio apanha os nemátodos e paralisa-os com uma toxina. Também pode degradar películas de polietileno. Diz-se mesmo que o micélio de *Pleurotus tuber-regium* tem a capacidade de melhorar os solos poluídos por hidrocarbonetos e assegurar a bioremediação de solos poluídos por hidrocarbonetos (Adenipekun, 2008; Isikhuemhen et al., 2003).

SARCOSOMA Kobayasi

O Sarcosoma é um género de fungos da família Sarcosomataceae.

Amplamente distribuído nas zonas, foi observado nas florestas do sul dos Camarões, perto de cursos de água temporariamente inundados. O género caracteriza-se pelas suas apotécias grandes, globosas a turbinadas, castanho-escuras a enegrecidas, pesadas, com pêlos exteriores lisos semelhantes a esporos monolóides que libertam um líquido aquoso claro quando cortados. A espécie típica do género (*Sarcosoma globosum*) tem esporóforos grandes, redondos ou cilíndricos (5-12 cm de largura).

SARCOSOMA GLOBOSUM (Schmidel) Casp.

Nome comum. Caldeirão de bruxa

Nomes vernáculos. Nyëng (Bulu, Ewondo)

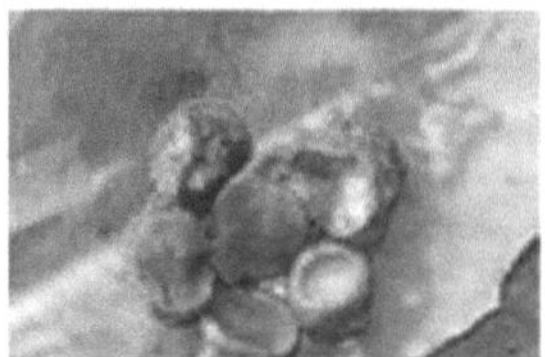

Sarcosoma globosum

Identificação. *O Sarcosoma globosum*, ou caldeirão das bruxas, é uma espécie de fungo da família Sarcosomataceae. *O Sarcosoma globosum* tem uma apotécia turbinada séssil, densa, pesada e amplamente fina. O himenóforo está localizado numa depressão na superfície superior, que é côncava a discoide, lisa a finamente fissurada, frequentemente marmoreada e com estrias secas, de cor negra acastanhada a negra. A superfície externa é curvada sob a superfície interna, peluda, profundamente enrugada e sulcada, áspera, fibrosa, dura e elástica, acastanhada quando húmida, castanha, rosada a castanha escura quando seca. A carne é espessa e gelatinosa quando húmida, com um volume abundante de água quando fria, com um odor e um sabor indistintos.

O excipulo é espesso, piolhento e gelatinoso, contendo um grande volume de água quando frio, com pêlos exteriores tipicamente metalóides.

Habitat e ecologia. O caldeirão das bruxas é encontrado ao longo de riachos, em solos pantanosos, em campos, pousios e florestas antigas onde o solo é rico em nutrientes. Cresce apenas uma vez por ano e frutifica esporadicamente.

Comestibilidade. A carne do caldeirão das bruxas liberta muita água quando é cortada. É consumida por certas comunidades Bantu (Bulu, Fang).

SCHYZOPHYLLUM P.,

O Schizophyllum commune, também conhecido como Schizophyllum commum, é uma espécie de pequeno cogumelo branco, com um chapéu caraterístico, da família Schizophyllaceae, da ordem Agaricales, que cresce em madeira morta. O chapéu branco-acinzentado, longo, em forma de leque ou de folha lobada, muitas vezes com uma margem irregularmente cortada, é séssil ou com um pedúnculo curto, com um aspeto gelado, por vezes com tonalidades purpúreas. Este chapéu de feltro é por vezes esverdeado por algas unicelulares microscópicas. Quando cresce debaixo de um ramo (espécie epífita), desenvolve-se radialmente. As lamelas são desiguais e pouco compactadas, ocráceas, cor de carne ou lilás nos esporóforos jovens; cada lamela é composta por duas lamelas adjacentes. O esporo é cremoso a ligeiramente ocre; o odor é ténue e o sabor suave.

ESQUIZOFILO COMUNE P.

Nome comum. Schyzophyllum comumun

Identificação. O chapéu do Schyzophyllum comum é flabeliforme ou lobulado, ligado lateralmente ao substrato em que cresce, dividindo-se longitudinalmente e parecendo fornecer um topo esbranquiçado, densamente peludo e em forma de roda. Esta capa de feltro é por vezes esverdeada por algas unicelulares microscópicas. O pé curto ou séssil é branco-acinzentado com um aspeto gelado, por vezes com nuances purpúreas. Os esporos são radiantes, com aréolas rectas e cilíndricas. O esporo é branco.

Habitat e ecologia. Cresce em tufos sobre madeira podre de várias espécies de árvores em todo o sul dos Camarões.

Comestibilidade. *O Schyzophyllum commune* é comestível. No entanto, pode provocar micoses atípicas e sinusites.

Farmacopeia tradicional. Na indústria farmacêutica, *o Schyzophyllum commune* é utilizado para produzir etanol e alguns dos seus metabolitos têm propriedades anticancerígenas e antibióticas.

Sporophores de *Volvariella volvacea* qux stades jeune (sous forme d'oeufs) et mature avec des lamelles rose

Esporóforos de *Volvariella volvacea* nos estádios jovem (fase de ovo) e maduro com lamelas cor-de-rosa

VOLVARIELLA Speg.

Volvariella (fungos da palha de arroz) é um género de fungos basidiomicetos que cresce em madeira podre da família Plutaceae. *Volvariella,* o nome do género, refere-se à volva formada em torno da base do estipe pelos restos do véu membranoso universal que cobre os corpos de frutificação embrionários. O cogumelo da palha de arroz tem sabor, aroma, delicadeza e um elevado teor proteico, vitamínico e mineral, o que o torna não menos aceitável do que o mais popular cogumelo de botão.

O chapéu pode ser liso, fibroso ou pubescente. As lamelas são apertadas, flexíveis e livres. Os esporos são cor-de-rosa. Os esporóforos *de Volvariella volvacea* nascem num véu (sob a forma de um reuf cinzento) que permanece sob a forma de um véu na base do estipe nos esporóforos maduros. *Volvariella volvacea,* o fungo cinzento da palha de arroz, é um fungo Basidiomycete comestível típico com tolerância a temperaturas elevadas. Tem uma forte capacidade de fibrinólise e consome resíduos agrícolas em abundância.

Os cogumelos de palha de arroz são cogumelos pequenos a grandes, com caraterísticas combinadas bem definidas. Em primeiro lugar, caracterizam-se por uma volva membranosa na base do pedúnculo. Além disso, nunca têm um anel à volta do pé (o véu parcial ou anel nunca está presente). Têm também a particularidade de apresentarem sempre lamelas brancas livres, que rapidamente se cobrem de esporos nitidamente cor-de-rosa. Todas as comunidades Bayeli, Boulou e Fang do sul dos Camarões consideram os cogumelos cinzentos de palha de arroz como a melhor espécie de cogumelo saprotrófico silvestre comestível.

Volvariella (Volvaire) é um género de fungos Basidiomycetes da família Plutaceae que cresce em madeira em decomposição. O chapéu pode ser liso, fibroso ou pubescente. As lamelas são apertadas, flexíveis e livres. Os esporos são cor-de-rosa. Os esporóforos do género *Volvariella* nascem num véu que permanece como uma volva na base do pé dos esporóforos adultos. *A Volvariella volvacea*, o cogumelo-palha, é a espécie comestível típica, importante nos países asiáticos.

As volvarias são cogumelos de pequeno a grande porte que apresentam um certo número de caraterísticas distintivas. Caracterizam-se, antes de mais, por uma volva

membranoso na base do pé. Para além disso, nunca apresentam um anel à volta do pé (o véu parcial ou anel nunca está presente). Têm também a caraterística de possuírem lamelas brancas sempre livres, que se cobrem rapidamente de esporos nitidamente cor-de-rosa. As comunidades Bayeli, Bulu e Fang do sul dos Camarões consideram a volvaria cinzenta como a melhor espécie de cogumelo silvestre saprotrófico comestível.

Tableau 12 Caraterísticas gerais dos Volvaria ou Cogumelos com uma volva larga que envolve a base do pé

Chapéu: Cinzento, viscoso, fuliginoso

Lamelas: cor-de-rosa, livres

Pés: alongados, cilíndricos, sem pêlos, esbranquiçados a fulvos claros

Volva: Cinzento-escura, larga, envolvendo a base do pé como um lóbulo

Esporos: Rosa, elipsoides

Cor de rosa : Rosa
Estado trófico : Saprotrófico
Competitividade: Muito boa comestível, muito procurada
Qualidades de crescimento: Pode ser cultivado em palha e outros tipos de resíduos.

VOLVARIELLA VOLVACEA (Bulliard) P. Kummer

Nome comum: Cogumelos de palha; avens cinzentas; avens volvaceous **Nomes vernáculos:** Etok **melen** (Bulu, Ewondo, Fang); **Inguga** (Eton)

Identificação. A volvária cinzenta é facilmente reconhecida pelo seu habitat natural num tronco de palmeira em decomposição e pela sua volva cinzenta em forma de saco que envolve a base do pé. Os esporóforos jovens, isolados ou em grupos, são completamente envolvidos por uma volva cinzento-escura que se abre gradualmente e se torna um saco na base do pé. Quando maduros, o chapéu fibroso e carnudo, espesso no centro, é de cor cinzento-acastanhada. As lamelas largas e livres são brancas nos esporóforos jovens e tornam-se rosadas nos adultos. O pé é reto e comprido, de cor branca a castanho-escura, com uma base ligeiramente inchada, rodeada por uma volva larga e folgada.

Habitat e ecologia. A volvaria cinzenta cresce em substratos ricos em matéria azotada, como estrume, palha e detritos de madeira em decomposição. Nos Camarões, cresce naturalmente no tronco de palmeiras em decomposição.

Comestível. É o melhor cogumelo silvestre comestível para as comunidades Bulu, Eton, Ewondo e Fang no centro e sul dos Camarões.

Preparam-no em sopas de amendoim *(Arachis hypogea* L.), de amêndoas secas *de Irvingia gabonensis* (Aubry-LeComte ex O'Rouke) Baill. ou de sumo de palmeira cozido e peneirado.

Tronc de palmier à huile en décomposition, niche écologique de la volvaire volvacée

Tronco de dendezeiro em decomposição, nicho ecológico do volvário

Sporophores du champignon de paille séchés sur un plateau tissé en treillis avec des pétioles de raphia

Sporophores découpés du champignon de paille dans une poêle et mélangés à du poisson fumé

Farmacopeia tradicional. A volvária cinzenta tem propriedades antioxidantes e anti-humorais. Pode curar a úlcera de Buruli. É utilizada como uma mistura de cinzas e caulino e aplicada nas feridas.

2.3. COGUMELOS MEDICINAIS CULTIVÁVEIS

AURICULARIA Bull. ex Juss.

Auricularia é um género de fungos da família Auriculariaceae. Os basidiocarpos são geralmente gelatinosos e em forma de orelha, com uma superfície superior ligeiramente felpuda a nitidamente hirsuta e uma superfície inferior lisa, enrugada ou com veios. Todas as espécies crescem em madeira. Produzem corpos de frutificação finos, acastanhados, borrachudos e gelatinosos que se assemelham a prateleiras ou têm a forma de uma orelha. A superfície superior é fina a densamente pilosa e a superfície inferior com esporos é lisa, enrugada, com veios ou reticulada (em forma de rede). Encontram-se por vezes formas brancas e não pigmentadas. Os esporóforos *de Auricularia* são um ingrediente indispensável na cozinha asiática. No entanto, não é apenas um excelente cogumelo comestível, mas também possui propriedades medicinais notáveis. *O Auricularia judw* desempenha um papel muito interessante na redução dos níveis de açúcar no sangue graças à sua ação hipoglicémica (graças aos glucanos e polissacáridos) e é também utilizado na medicina chinesa para tratar várias doenças, incluindo a trombose (bloqueio de um vaso sanguíneo) e problemas de circulação sanguínea.

Quadro 13: Caraterísticas gerais dos fungos gelatinosos ou cerosos auriculares ou em forma de taça ou de orelha

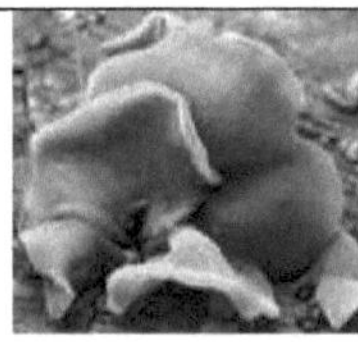

Chapéu: Em forma de sino e depois alargando-se numa placa invertida Lamelas: Cobrindo a parte interior estriada e enrugada, virada para o solo Pé: Ausente Esporos: alantoides, hialinos, lisos, de paredes finas, não septados, inamilóides Esporos: brancos
Estado trófico : Saprotrófico
Aptidão para a cultura: Facilmente cultivável

Nas florestas húmidas naturais dos Camarões, foram descritas três espécies.

AURICULARIA AURICULA-JUDT Hooker

Nome comum. Orelha de Judas
Nomes vernáculos. Biyaë (Bulu, Ewondo), **Biye** (Eton), **Cocobianco** (Bakweri)

Identificação. *Auricularia auricula-judw,* vulgarmente conhecida como orelha de Judas, é uma espécie de fungo basidiomiceto comestível do género *Auricularia,* cuja forma externa faz lembrar uma orelha. Quando jovens, os esporóforos são gelatinosos e cartilaginosos. Depois, à medida que secam, tornam-se mais firmes e encolhem. A orelha de Judas é um fungo séssil ou subestipulado, castanho-rosado a púrpura, enrugado a estriado, em forma de taça pequena, geralmente mate, com uma superfície superior (himénio) brilhante, lisa ou mais ou menos enrugada. Com a idade, pode por vezes assumir quase o aspeto de uma orelha humana castanho-avermelhada. A superfície externa, ligeiramente mais pálida e subtilmente aveludada (furfurácea), pode estar coberta por um feltro de pêlos ou por uma flor esbranquiçada. Deitada de lado, a sua polpa é fina. É translúcida, gelatinosa, elástica e firme, tornando-se mais dura com a idade. A orelha de Judas é em forma de taça, por vezes lobada e de aspeto gelatinoso. O seu nome deriva do simples facto de ter a forma de uma orelha. A sua superfície é frequentemente enrugada no centro e curvada para o exterior. A sua cor varia entre o cinzento e o violeta claro quando jovem e o castanho escuro à medida que envelhece. O seu diâmetro varia de 2 a cerca de 15 cm. Os corpos de frutificação são cobertos por uma fina matriz de pêlos felpudos. O micélio é longitudinal e fino. Torna-se cotanilhoso com a idade e tem uma cor branca mate. Tem um odor desagradável, um pouco almiscarado, semelhante a composto não maduro. Pode ocorrer uma descoloração metabólica de castanho a amarelo quando o substrato está demasiado colonizado. Os esporos são brancos e de aspeto translúcido. Consoante a espécie, os esporos podem ser cilíndricos ou em forma de salsicha.

Habitat e ecologia. Os esporóforos da Orelha de Judas frutificam em tropas em troncos velhos ou cepos de madeira de árvores mortas, em toda a paisagem e durante todo o ano, principalmente à sombra húmida nas florestas húmidas dos Camarões. Trata-se, portanto, de um fungo decompositor primário. *Auricularia auricula- judae* pode também viver em solos ricos em matéria orgânica não decomposta.

Comestibilidade. [8]O Auricularia auricularia é um cogumelo comestível, geralmente consumido como "cogumelo preto" nos restaurantes chineses de Paris. Várias espécies de *Auricularia* são comestíveis e cultivadas comercialmente em grande escala. Nos Camarões, é recolhido e seco pelas comunidades locais e preparado como uma mistura com o cogumelo *Cookeina.* A orelha de Judas é muito utilizada na cozinha asiática. De facto, *o Auricularia auricula-judae* tem vindo a conquistar os paladares dos micófagos asiáticos há centenas de anos. Este excelente cogumelo comestível tem um aspeto gelatinoso

[8] O traidor Judas ter-se-á enforcado num sabugueiro depois de ter traído Jesus Cristo. Nos países temperados, este cogumelo encontra-se frequentemente nos sabugueiros, com a forma de uma orelha. É daí que vem o seu nome popular.

e negro quando seco, e reidrata-se facilmente. Na culinária, a Orelha de Judas não é um cogumelo particularmente saboroso, mas pode ser seco e mantido assim durante vários anos. Quando seco, o cogumelo torna-se preto e encolhe mais de metade, apesar de conter 10% de proteínas, uma vez que é 90% água. Mas volta rapidamente à sua forma original quando reidratado em contacto com a água. Conferindo uma textura única e agradável durante as refeições, este cogumelo é uma peça central da cozinha asiática e é muito conhecido. Oferece uma experiência culinária diferente dos outros cogumelos, uma vez que o sabor não está diretamente envolvido. Por isso, é utilizado para embelezar e engrossar sopas e molhos. De facto, se o reidratarmos diretamente nos caldos que preparamos, o Orelha de Judas absorve os sabores. Atenção, este cogumelo é ligeiramente tóxico quando consumido cru.

Farmacopeia tradicional. Atualmente, são conhecidas numerosas virtudes medicinais da orelha-de-Judas, nomeadamente os seus efeitos antitumorais, anticolesterol e antioxidantes. Os esporóforos da orelha-de-Judas Auricularia são reputados para tratar a anemia, a hipertensão e o reumatismo. Em 1987, foi demonstrado que **a Auricularia auricula-judae** tinha um efeito de eliminação de 80-90% contra carcinomas e sarcomas na China. Atualmente, foram descobertas muitas virtudes medicinais da Orelha-de-Judas, incluindo os seus efeitos anti-tumorais, anti-colesterol e antioxidantes.

Valorização sociocultural. Os primeiros registos escritos que descrevem o cultivo da orelha de Judas datam de 600 a.C.. Este facto faz com que seja um dos primeiros cogumelos a ser cultivado

pelo homem com shiitake, pleuroto e reishi. Segundo uma lenda (florestal), a orelha de Judas tem este nome porque Judas, depois de trair Jesus, se enforcou num sabugueiro invadido por este cogumelo. O comércio generalizado da orelha de Judas começou no século XIX, quando a China exportou os cogumelos para a Nova Zelândia e depois para a América. Atualmente, na Europa, continua a ser um cogumelo pouco popular e as pessoas referem-se a ele como "cogumelo preto" quando o vêem na sopa dos restaurantes asiáticos.

AURICULARIA CORNEA Ehrenb.

Nome comum. Auriculariauda orelha

Nomes vernáculos. Biyaë (Bulu, Ewondo), **Biye** (Eton), **Cocobianco** (Bakweri)

Sporophores d'*Auricularia cornea*

Identificação. *O Auricularia cornea* é um cogumelo verdadeiro da família Auriculariaceae, com forma e textura gelatinosas. O chapéu é em forma de concha ou de orelha, de consistência elástica e cartilaginosa, fixado na parte superior ou lateralmente ao substrato. Pode destacar-se uma camada exterior, que é ondulada, sempre pubescente, castanha a castanha clara e, por fim, esbranquiçada suja (durante o desenvolvimento do esporóforo). A margem do chapéu é lisa, regular e por vezes enrolada ou curvada. A superfície inferior, sempre lisa no seu conjunto, é castanho-púrpura a castanho-avermelhada, por vezes pulverizada de branco com a idade. O pé está ausente ou é muito curto. A polpa é elástica e dura. Este cogumelo tem pouco odor e sabor.

Habitat e ecologia. Espécie generalista, os esporóforos *de Auricularia cornea* crescem frequentemente em grupos sobre madeira morta, em florestas primárias e secundárias, matas de galeria, pousios e mesmo em campos cultivados.

Comestibilidade. Este cogumelo é frequentemente consumido localmente em molhos, mas ainda não é comercializado nos Camarões.

Farmacopeia tradicional. Os esporóforos *de Auricularia cornea* são reputados para tratar a anemia, a tensão arterial, as úlceras gástricas e o reumatismo.

COOKEINA Kuntze

Cookeina é um género de fungos da família Sarcoscyphaceae, cujos membros podem ser encontrados em regiões tropicais e subtropicais do mundo.

As espécies podem ser colhidas em ramos caídos de Angiospérmicas, em troncos e, por vezes, em frutos. As espécies de *Cookeina* têm corpos de frutificação profundos, em forma de funil, ou apotécios. A superfície interna dos esporos da apoteca, o himénio, é amarelo vivo a vermelho, embora a cor desvaneça com a secagem. A superfície exterior é menos colorida. O excipulum, o tecido que forma as paredes das apotécias, é fino e flexível. Quando existem pêlos nos apotécios, estes são fascículos - constituídos por feixes de hifas cilíndricas. As cerdas himeniais, por vezes escuras, são tortuosas, de paredes espessas e sobressaem para além do himénio. As paráfises são largas e numerosas, filiformes, muito ramificadas no ápice, com ascos cilíndricos e cobertos. Segundo consta, os Temuans da Malásia Peninsular utilizam certas espécies deste género como alimento e também como isco para a pesca, sendo esfregadas contra o hamegão.

Quadro 14: Caraterísticas gerais dos cogumelos *Cookeina* ou de cor viva

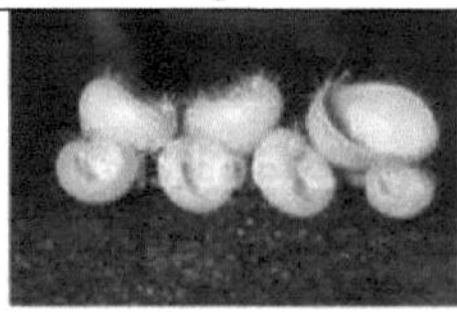

Chapéu :Secar sem apodrecer

Ripas : Brancas

Pés : Cartilaginosos

Esporos: Brancos

Cor : Branco

Estado trófico : Saprotrófico

Comestibilidade : Comestível e medicinal

COOKEINA SULPICES (Berk) Kuntze

Nome comum. Cogumelos de aves

Nomes comuns. Tolong (Beti), **Anamelu** (Konabembe)

Identificação. *Cookeina* é um género de fungos da família Sarcoscyphaceae. As espécies de *Cookeina* têm corpos de frutificação profundos, em forma de taça ou de funil, ou apotécios. A superfície interna dos esporos das apotécias, o himénio, com os seus numerosos ascos cilíndricos e com tampa, é de cor viva, filiforme, muito ramificada na parte superior e vermelha, embora a cor desapareça com a secagem.

A superfície externa é menos colorida. O excipulo é fino e flexível. Quando os pêlos estão presentes nos apotécios, são fascículos. As cerdas himeniais, por vezes escuras, são tortuosas, de paredes espessas e sobressaem para além do himénio.

Habitat e ecologia. São saprótrofos que se desenvolvem em ramos e troncos em decomposição e, por vezes, em frutos, durante a estação das chuvas.

Comestibilidade. Apesar do seu mau sabor, as comunidades Bantu comem os seus esporóforos, especialmente durante a estação das vacas magras.

Farmacopeia tradicional. A população local utiliza esporóforos cortados do cogumelo para tratar a papeira nas crianças.

DACRYOPINAX (Bell. & A.Curtis) G.W.Martin

Dacryopinax é um género de fungos da família Dacrymycetaceae. O género está muito difundido, particularmente nas regiões tropicais, e contém cerca de 15 espécies. As espécies de *Dacryopinax* são fungos da madeira comuns em todo o mundo, produzindo principalmente a podridão castanha da madeira.

DACRYOPINAX SPATHULARIA (Schwein) G.W.Martin

Nome comum. Cogumelo gelatinoso em forma de leque.

Nome comum. **Vio** (Boulou, Mvelc)

Identificação. Os esporóforos do *Dacryopinax spathularia* são gelatinosos, frequentemente espatulados (em forma de colher) e crescem em madeira, principalmente em regiões tropicais e subtropicais. O cogumelo é comestível e é cultivado comercialmente para ser utilizado como aditivo na indústria alimentar. Os esporóforos são grandes, gelatinosos, amarelo-alaranjados a alaranjados, com um pé arredondado na base, achatados no topo e geralmente em forma de leque a espátula. Basidiocarpos cespitosos, frutificando em linhas, estípites e pilia, cobertos de pêlos minúsculos, de cor amarela a alaranjada quando frescos, primeiro secando de castanho-alaranjado a castanho-avermelhado, depois mais tarde de branco baço (superfície abhymenial) a vinho baço. A forma do chapéu é variável, lobada, petaloide, espatulada ou palmada, de consistência gelatinosa dura.

Habitat e ecologia. Os esporóforos de *Dacryopinax spathularia* são sapróbios. Frutificam em tropas sobre a madeira ou em fendas (formam tropas abundantes) na madeira em decomposição, em plena estação das chuvas, sob a copa das florestas de Ekop, no solo ferralítico vermelho de Nyangong, perto de Ebolowa, no sul dos Camarões.

Comestibilidade. Os esporóforos de *Dacryopinax spathularia* são consumidos pela população indígena Bagyeli, em menor escala, para tratar uma série de doenças.

Farmacopeia tradicional. Os esporóforos de *Dacryopinax spathularia* têm sido tradicionalmente utilizados em medicamentos para promover a saúde geral e tratar vários problemas de saúde devido à presença de polissacáridos. A sua eficácia hepatoprotectora é tradicionalmente utilizada para o tratamento de várias doenças e perturbações, tais como efeitos antivirais, antitumorais, antibacterianos e imunomoduladores.

ECHINOCHAETE D.A.Reid

Echinochaete é um género de fungos da família Polyporaceae, muito comum nas regiões tropicais e que contém cinco espécies. Os esporóforos de

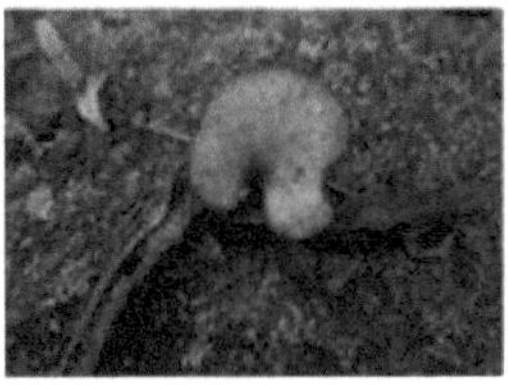

Os cogumelos *Echinochaete* são anuais, têm forma de leque ou de colher e estão ligados ao substrato por um pedúnculo curto. A superfície superior do chapéu é inicialmente aveludada, coberta de pêlos curtos e densos e sedosos, particularmente perto da base. Com a idade, a superfície torna-se mais lisa. A sua cor é esbranquiçada a rosada, tornando-se mais tarde avermelhada a castanha. Os poros da face inferior do chapéu são angulosos a hexagonais. Os esporos são cilíndricos a elipsoidais, hialinos, lisos e de paredes finas. Apenas uma espécie foi identificada nos Camarões.

ECHINOCHAETE BRACHYPORA (Mont.) Ryv

Nome comum.

Nomes vulgares. **'Vio** (Boulou, Mvelc)

Identificação. Os esporóforos do fungo *Echinochaete brachypora* são brancos a cor-de-rosa, tornando-se mais tarde avermelhados a castanhos. Os poros na parte inferior do chapéu são angulares a hexagonais. O chapéu séssil é semi-estipitado, lateral, carnudo e elástico quando fresco, tornando-se quebradiço quando seco, flabelado a semi-circular ou semi-circular, liso, com uma margem sinuosa e lobada. Estipe bem diferenciado mas muito curto e largo, lateral, tomentoso na parte superior, castanho, frequentemente mais escuro do que o chapéu. Himenóforo com poros angulares, hexagonais, tornando-se radialmente alongados e depois com 1 a 2 mm de comprimento, pouco profundos, decurrentes, possivelmente lamelares, especialmente em direção ao estipe, inicialmente rosa esbranquiçados, depois castanho-ferrugem.

Habitat e ecologia. Os esporóforos do fungo *Echinochaete brachypora* são solitários ou gregários, saprotróficos em madeira em decomposição. Frutificam em florestas secundárias e em antigas plantações de coqueiros (*Theobroma cacao*).

em solos ferralíticos amarelos e.

Comestibilidade. Os esporóforos do cogumelo *Echinochaete brachypora* são comestíveis e bastante comuns, com uma polpa espessa, esbranquiçada a castanha clara, imutável, com um ligeiro odor e um sabor suave e doce.

Farmacopeia tradicional. Os esporóforos do fungo *Echinochaete brachypora* têm uma atividade antimicrobiana moderada e são utilizados de forma limitada pela população local.

FLAMMULINA P.Karst.

Flammulina é um género de fungos da família Physalacriaceae. O género, muito comum nas regiões temperadas, conta com 10 espécies.

Quadro 16: Caraterísticas gerais dos cogumelos Favolus ou favo de mel

Capa: Semi-hemisférica a ovoide Lamelas: Tubos e poros brancos Pé: Curto, por vezes ausente e excêntrico Esporos: Brancos

Cor : Branco

Estado trófico : Saprotrófico

Comestibilidade : Comestível

Cultivo: Cultivado no Brasil

FLAMMULINA VELUTIPES (Curtis. Fr) Cantor

Nome comum. Collybia de pés peludos; Enokitake; Cogumelo de agulha dourada; Cogumelo lírio; Cogumelo Futu; Caule de veludo

Nome comum. Vio (Boulou)

Identificação. Os esporóforos do fungo *Flammulina velutipes* podem ser reconhecidos pela sua forma pequena em pedaços de madeira húmida em decomposição. O pequeno chapéu castanho-claro, que se torna mais claro em direção à margem, é mais flexível e não é estriado. O revestimento pegajoso encontra-se no chapéu. As lamelas creme e amarelas são largas e bastante espaçadas. O pequeno estipe é mais ou menos constante em toda a planta.

A maior parte do seu comprimento é inteiramente coberta de veludo amarelo na parte superior e castanho-escuro na parte inferior. Este é constituído por mucilagem. Esta estrutura permite-lhe reabastecer o seu corpo de água em caso de falta de humidade na atmosfera. O estipe tem uma estrutura macia e aveludada, daí o seu nome comum: Collybia aveludada.

O aspeto deste cogumelo no estado selvagem não é o mesmo que o dos Enokis cultivados em explorações de cogumelos. No estado selvagem, o seu caule é relativamente curto e o seu chapéu tem cerca de 5 a 8 cm de diâmetro. A sua cor tende para o castanho, enquanto os Enokis cultivados são completamente brancos, muito compridos e com um chapéu minúsculo.

Habitat e ecologia. Muito comum em florestas densas, a colíbia velvetleaf é uma espécie tardia de fungo. Os seus esporóforos aparecem por volta de

Aparecem no final da curta estação das chuvas (junho) e persistem durante a curta estação seca (julho-agosto). Frutificam em tufos fasciculados nos troncos e ramos de madeira moribunda ou morta. *Flammulina velutipes* é um fungo saprotrófico, decompositor primário. Encontra-se geralmente em tufos em cepos velhos de madeira dura. Alimenta-se de vegetação morta e decompõe-na, alimentando o ecossistema em que vive através da libertação de nutrientes no seu ambiente. Uma ecologia

A Collybia de patas peludas estende a sua área de distribuição desde as florestas atlânticas de Ebimimbang, perto de Bipindi, até às florestas de montanha de Bingalanda, perto de Ebolowa.

Comestibilidade. A polpa branco-amarelada da colíbia de patas aveludadas é acastanhada na base da pata, com um odor fraco, mesmo banal. Apenas o chapéu é considerado próprio para consumo, o caule é rejeitado. Trata-se de um cogumelo comestível cultivado industrialmente na Ásia. O pequeno enoki é um cogumelo saboroso e nutritivo. Com um sabor surpreendentemente frutado, é muito utilizado na cozinha asiática pelas suas qualidades culinárias e decorativas. O cogumelo selvagem é mais saboroso, embora só se coma o chapéu. O cogumelo cultivado, mais fino e mais tenro, é consumido inteiro e conserva-se melhor. É tradicionalmente cozinhado em sopas, em salteados de legumes ou como acompanhamento de peixe e frango. Paul Stamets, o micologista gourmet, gosta de a cozinhar num molho. Comê-lo cru não constitui um problema ocasional, embora seja preferível limitar esta prática e consumi-lo cozinhado. Os seus nutrientes são mais facilmente assimilados pelo organismo. A sapateira contém proteínas (17 a 30%), hidratos de carbono (50 a 70%), lípidos (2 a 6%), fibras (3,7%), vitaminas e minerais. No geral, é um alimento muito bom. A Enoki reduz os níveis de colesterol, melhora o sistema imunitário e reduz os efeitos secundários da quimioterapia. Os seus efeitos antioxidantes e lipolíticos foram também demonstrados por Chia-Jui Weng (2014). Clique aqui para ler o estudo.

Farmacopeia tradicional. Os esporóforos do cogumelo *Flammulina velutipes*. Trata-se de um cogumelo comestível cultivado industrialmente na Ásia. É muito utilizado na cozinha japonesa e encontra-se cada vez mais nas saladas dos restaurantes gourmet. Este cogumelo é anti-tumoral, anti-cancerígeno, anti-inflamatório, anti-oxidante, tem actividades antimicrobianas, hepatoprotectoras, anti-arteroscleróticas e anti-coagulantes, e melhora a memória e a aprendizagem.

Valor sócio-cultural. Os espécimes selvagens do cogumelo *Flammulina velutipes* são muito diferentes das variedades cultivadas, devido à falta de luz e à cave à volta dos frascos de cultura, que obrigam os cogumelos cultivados a formar longos estipes. Em Taiwan, na China e no Japão, existe um grande cultivo comercial. Os asiáticos preferem este belo produto e deram-lhe o nome de cogumelo Agulha Dourada. O estipe é a parte da planta

É o principal cogumelo cultivado e tem sido cultivado artificialmente desde há muito tempo. Não é duro como os cogumelos selvagens, pelo que pode ser consumido cru. *O Flammulina velutipes*, um dos principais cogumelos comestíveis no mercado, é há muito reconhecido pelo seu sabor delicioso, valor nutricional e benefícios para a saúde. Os cogumelos velutinos cultivados e selvagens são fisiologicamente muito diferentes. São ricos em proteínas e uma boa fonte de potássio e de oligoelementos. Contêm flammulina, um composto com boas propriedades anti-cancerígenas e anti-tumorais. Tem propriedades anti-tumorais. Os polissacáridos solúveis (açúcares) que contém são eficazes contra o sarcoma (tumor maligno do tecido conjuntivo). Na cidade de Nagano, no Japão, os investigadores acreditam que a baixa taxa de cancro entre a população pode estar ligada ao consumo de Enoki. O Enoki tem virtudes medicinais fabulosas e é um cogumelo muito bom para cozinhar e para a saúde.

2.3.3. *GANODERMA* P. Karst

v

O Ganoderma é um género de fungos poliporosos da família Ganodermataceae, que inclui cerca de 80 espécies, a maioria das quais provenientes de regiões tropicais. Apresentam uma grande diversidade genética e são utilizados na medicina tradicional asiática. *O Ganoderma* distingue-se dos outros poliporos por ter um basidiósporo de parede dupla. Podem ser designados por fungos de prateleira ou fungos de suporte. As espécies do fungo *Ganoderma* são caracterizadas por grandes basidiocarpos perenes, consolas lenhosas também conhecidas como conchas. São lenhosos e coriáceos, com ou sem estipe, em forma de leque ou de casco. Os esporóforos frutificam tipicamente em forma de leque ou de casco em troncos de árvores vivas ou mortas. Apresentam esporos truncados de parede dupla com camadas interiores ornamentadas de amarelo a castanho.

As espécies de *Ganoderma* são utilizadas na medicina tradicional em muitas partes da Ásia há séculos... Várias espécies de *Ganoderma* contêm vários compostos fitoquímicos com propriedades como triterpenóides e polissacáridos. Foram identificadas duas espécies de *Ganoderma* nos Camarões.

GANODERMA APPLANATUM (Pers.) Pat

Nomes comuns. Polypore applani; Concha do Artista; Cogumelo do Artista; Pão de Urso

Nomes comuns.

Identificação. As caraterísticas distintivas do fungo *Ganoderma applanatum* incluem a sua superfície do chapéu castanha baça, não envernizada, enrugada e irregular, a sua superfície de poros branca a acinzentada, que se torna castanha, e a sua polpa lenhosa, acastanhada ou canela. Forma esporóforos grandes, longos, espessos e coriáceos, de textura lenhosa e polpa lenhosa, acastanhada ou canela. No início são brancos, mas rapidamente se tornam castanhos-avermelhados escuros. A superfície superior dos esporóforos está coberta de conídios castanho-avermelhados. Os tubos profundos são terminados por poros.

Os esporos são castanhos.

Habitat e ecologia. *O Ganoderma applanatum* tem uma distribuição cosmopolita. *O Ganoderma applanatum* é parasita e saprotrófico, frutificando como um micélio no interior da madeira de árvores vivas e mortas. *O Ganoderma applanatum* é um fungo decompositor da madeira que causa o apodrecimento da madeira numa variedade de árvores. Também pode crescer como parasita no alburno vivo, particularmente em árvores mais velhas e suficientemente húmidas. É uma causa frequente de apodrecimento e morte em muitas espécies lenhosas. Os seus esporóforos são perenes e podem persistir durante vários anos, aumentando de tamanho e formando novas camadas de poros à medida que se desenvolvem. Estas camadas podem ser distinguidas por uma secção transversal ou por anéis concêntricos na superfície superior do corpo de frutificação. Isto significa que a idade do esporóforo pode ser determinada utilizando o mesmo método que para os anéis de árvores anuais.

Comestibilidade. *O Ganoderma applanatum* é um cogumelo medicinal utilizado como intensificador de sabor na cozinha asiática. *O Ganoderma applanatum* não é digerível na sua forma crua, mas é considerado comestível quando cozinhado. As sopas de ervas quentes ou a fermentação em ácido de limão com cebola é uma utilização comum para cozinhar com fatias de *Ganoderma applanatum* como intensificador de sabor disperso em alimentos fermentados. *O Ganoderma applanatum* também pode ser utilizado como chá.

Farmacopeia tradicional. *O Ganoderma applanatum* é utilizado medicinalmente há milhares de anos. Na medicina chinesa, o cogumelo foi utilizado para tratar o reumatismo, a tuberculose e o carcinoma do resófago. Mais comummente, é utilizado para resolver a indigestão, aliviar a dor e reduzir a mucosite. As suas qualidades medicinais incluem também actividades antitumorais, antioxidantes, reguladoras da imunidade do organismo, antibacterianas e antifibróticas.

Desenvolvimento sócio-cultural. Uma caraterística particular deste cogumelo é a sua utilização como meio de desenho para artistas. Quando a superfície dos poros brancos frescos é esfregada ou riscada com um instrumento pontiagudo, é revelado um tecido castanho escuro por baixo dos poros, resultando em linhas e sombras visíveis que se tornam permanentes quando o cogumelo seca. Foi esta prática que deu ao *Ganoderma applanatum* o seu nome comum.

GANODERMA LUCIDUM (Curtis) P. Karst.

Nomes comuns. Pólipo brilhante; Reisi; Lingzhi; Conk Verni;

Nomes vernáculos.

Identificação. Os esporóforos do fungo *Ganoderma lucidum* são provavelmente um dos fungos mais fáceis de identificar devido à sua aparência.

Forma única, convexa, com um sitpe geralmente de 5 a 20 cm de comprimento. O chapéu é vermelho com uma orla de cores, geralmente tendendo para o laranja, amarelo ou branco. O estipe, de cor rosada a canela-camurça e avermelhada, é de cor fulva a avermelhada e tem 1,5 vezes o diâmetro do chapéu. O tecido contextual é concêntrico, sem depósitos resinosos ou melanóides. O himénio tem 4 a 5 poros por milímetro.

Habitat e ecologia. Os esporóforos do fungo *Ganoderma lucidum* frutificam em cepos de madeira ou troncos vivos ou mortos nas regiões florestais e montanhosas dos Camarões, em solos argilosos ferralíticos.

Comestibilidade. Os esporóforos do cogumelo *Ganoderma lucidum* não são comestíveis e são duros como uma pedra quando secos, mas são utilizados para preparar um chá de sabor amargo, que se acredita ter benefícios para a saúde em determinadas culturas. O Reishi não é cozinhado, pois é um cogumelo muito seco e lenhoso.

Farmacopeia tradicional. *O Ganoderma lucidum* é utilizado como medicamento tradicional em certas regiões dos Camarões há muitos anos e na medicina chinesa há séculos. Foi constatado que possui uma vasta gama de propriedades medicinais, incluindo efeitos antioxidantes, anti-inflamatórios e estimulantes do sistema imunitário. Utilizado em micoterapia para combater o stress físico e psicológico, é um cogumelo para o corpo e para a mente. Ajuda a regular um grande número de funções humanas, nomeadamente o coração.

É também muito eficaz contra as doenças relacionadas com o colesterol, bem como contra as doenças relacionadas com a glicémia, como a diabetes. O Reishi é o cogumelo com o nível mais elevado de P-glucano. Este composto tem um efeito antissético contra bactérias e outros fungos nocivos para o corpo humano.

Também regula a tensão arterial e actua como anti-inflamatório no sistema digestivo, graças à presença de triterpenos. O cultivo do reishi destina-se à comercialização medicinal. *O Ganoderma lucidum* é frequentemente transformado em pó e vendido sob a forma de gel para uso medicinal.

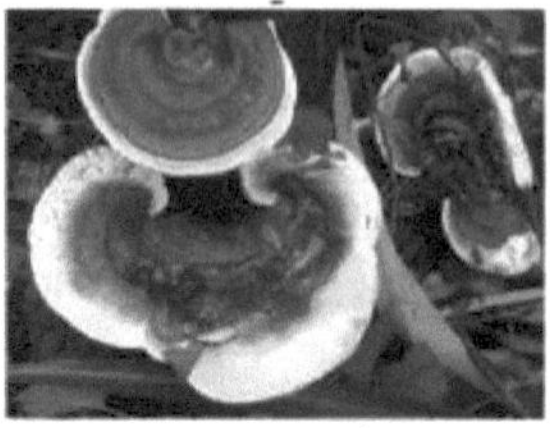

Valor sociocultural. Cogumelo imortal na Ásia, é utilizado há milhares de anos na medicina oriental, onde é associado à sabedoria, à saúde, à longevidade e à felicidade. Nos países asiáticos, como a China, *o Ganoderma lucidum* representa um valor económico significativo. É uma fonte potencial de produtos farmacêuticos e terapêuticos com efeitos significativos na melhoria da saúde. Apoia o sistema imunitário, alivia a artrite e atenua os efeitos secundários da quimioterapia.

Há muito que é cultivada na China, no Vietname e na Índia. Atualmente, é cultivada com recurso a tecnologias de cultivo intensivo em três países asiáticos.

LAETIPORUS SULPHUREUS (Bull. ex.Fr) Murill

Nomes comuns. Pólipo de enxofre; Galinha da madeira

Nomes vernáculos.

Identificação. O pólipo do enxofre é um fungo facilmente reconhecível. Quando muito jovem, o chapéu tem a forma de um tubérculo, evoluindo depois para uma consola,

de leque. São frequentemente aglomerados, fundidos entre si, com um diâmetro que varia de 10 a 60 cm e uma espessura de cerca de 1 a 4 cm, pesando até 20 kg. A margem é ondulada e arredondada. O chapéu tem uma textura aveludada com uma superfície irregular e acidentada. A sua cor varia em função da idade do espécime, da árvore hospedeira e da humidade, indo do laranja vivo ao amarelo, pêssego e por vezes rosa. O estipe está quase ausente, formado de forma espessa no esporóforo do himénio. As lamelas são numerosos poros finos, de cor amarelada a sulfurosa, tornando-se pálidas à medida que amadurecem. A polpa é fúngica e inespecífica, lembrando um pouco os boletos. Os esporos são brancos e elipsoidais.

Habitat e ecologia. *O Laetiporus sulphureus* é um fungo parasita, saprotrófico em determinadas condições. Frutifica nas zonas húmidas das florestas de montanha, nas raízes, cepos e troncos de árvores vivas e em decomposição. Foi observado na floresta montanhosa do Monte Camarões, a uma altitude de cerca de 3.000 m, e nas florestas húmidas do Médio-Atlântico de Akonolinga.

Comestibilidade. Os esporóforos do fungo *Laetiporus sulphureus* são muito consumidos pelas comunidades Bakweri do sudoeste de França.

Camarões. Comem principalmente esporóforos jovens, quando ainda estão tenros. Os exemplares mais velhos também podem ser consumidos. No entanto, quanto mais perto a carne estiver do estipe, mais gelada será. Não deve ser consumido cru. Por vezes, mesmo quando cozinhado, pode provocar casos raros de intoxicação com problemas intestinais e pequenas tonturas. As comunidades Bakweri aconselham provar uma pequena porção antes de consumir mais.

Farmacopeia tradicional. *O Laetiporus sulphureus* é um cogumelo com propriedades medicinais que pode ser utilizado de várias formas. É eficaz na regulação dos níveis de açúcar no sangue e da tensão arterial. Contém igualmente um certo número de moléculas com propriedades anti-inflamatórias, para combater as infecções sistémicas *por Staphylococcus* (graças aos compostos fenólicos que contém) e é igualmente útil contra a candidíase, inibindo *a Candida albicans*.

Desenvolvimento sócio-cultural. O pólipo de enxofre é um cogumelo bastante conhecido nos Camarões pelas comunidades anglófonas. É um cogumelo comestível muito apreciado pelos Bakweri do Sudoeste. Chamam-lhe "galinha do mato" devido à sua carne firme. Os vegetarianos americanos utilizam os esporóforos do Sulphur Polypore como substituto da carne, pois contém cerca de 14% de proteínas (peso seco). Uma receita clássica que utiliza os esporóforos do Polypore sulphur envolve primeiro o branqueamento do poliporo em água, depois cortá-lo em fatias e cozinhá-lo como uma costeleta de frango panada.

Pode ser utilizado para micoremediação de produtos químicos, filtração de água e metais pesados em minas abandonadas.

CAPÍTULO 3

CULTIVO DE COGUMELOS COM CARTÃO EM CASA

3.1.Como cultivar micélio em casa com cartão

O método clássico de cultivo de cogumelos requer que se obtenha primeiro a semente. Nem todos os produtores de cogumelos têm acesso a esta fonte abundante. A técnica de **micicultura caseira com uso de cartão**, que é aplicável a todas as espécies de cogumelos saprotróficos, **consiste essencialmente em mergulhar pedaços de cartão ondulado em água a ferver, deixá-los arrefecer e torcê-los; depois, misturá-los com fragmentos muito pequenos (megots) de estipe do cogumelo escolhido numa caixa de plástico reciclado (garrafas de plástico, sacos de polietileno, caixas de plástico, etc.) e perfurá-los para arejar o substrato.**

3.2.Cultivo de cogumelos em casa com cartão

Os desafios que os produtores de cogumelos (micicultores) enfrentam incluem: falta de conhecimentos sobre cogumelos cultiváveis, técnicas de cultivo de cogumelos, problemas de comercialização, falta de meios de transporte apropriados para cogumelos frescos, falta de unidades separadas de armazenamento em estufas de cogumelos, investimento elevado em infra-estruturas, falta de mão de obra, indisponibilidade de semente (sementes de cogumelos) e substratos de cultivo. A micicultura em casa, com cartão, pode ultrapassar a maioria destas dificuldades.

A técnica de **micicultura em casa com cartão** é interessante porque :

> O cartão, um resíduo fácil de encontrar, não é caro.

> Retém bem a humidade.

> É um produto à base de madeira, pelo que é fácil e familiar para o micélio dos fungos colonizar.

> Construção de uma casa de cogumelos já não é necessário.

> O micicultor já não precisa de comprar semente ou substrato para as plântulas.

Tudo o que precisa de saber é quais as espécies de cogumelos comestíveis e cultiváveis que existem nos ecossistemas florestais locais ou que são vendidos nos supermercados. Desta forma, ter, produzir, cuidar e cultivar cogumelos em casa torna-se rápido e fácil.

Cultivar cogumelos em casa com cartão é uma atividade amiga do ambiente. Utiliza resíduos reciclados para produzir cogumelos comestíveis, um alimento saudável com excelentes qualidades nutricionais e medicinais. É uma atividade fácil e lucrativa para donas de casa, raparigas-mães desempregadas, jovens urbanos e rurais desempregados, reformados e cultivadores amadores de cogumelos... [9]Esta atividade contribuirá para a segurança alimentar, a nutrição biológica e a medicina à base de cogumelos.

Os cogumelos comestíveis fazem parte da gastronomia dos Camarões há séculos. Numerosas espécies de cogumelos comestíveis e cultiváveis são recursos alimentares bem conhecidos nas comunidades rurais. Estão incluídos entre os Produtos Florestais Não-Madeireiros (PFNM). A recolha de cogumelos comestíveis na natureza continua a ser a única forma de abastecer as famílias rurais e os mercados locais, apenas durante as estações das chuvas. Como resultado do aquecimento global, da desflorestação acelerada e do declínio preocupante dos ecossistemas florestais e arbóreos, os cogumelos silvestres comestíveis, outrora colhidos em abundância, estão a tornar-se mais escassos de ano para ano. Neste contexto, começar a cultivar a micicultura em casa com cartão oferece muitas oportunidades para tornar este importante alimento saudável continuamente disponível, em quantidade e qualidade (Dijk et al. 2003; Onguene et al. 2018; Fongnossie et al. 2020; Onguene 2023a, b; Onguene 2024a, b).

3.3. Procedimento para a micicultura com cartão em casa

O cartão canelado é utilizado para produzir **micologia utilizando cartão em casa**. As ondulações do cartão facilitam a troca de ar. Uma troca de ar deficiente pode impedir o micélio de colonizar completamente o substrato. Isto continua a ser uma preocupação no caso de substratos mais finos, como a serradura. A esterilidade e as técnicas estéreis não devem ser motivo de preocupação excessiva. A área de trabalho e os produtos devem estar limpos. Esta técnica simples produz uma grande quantidade de cogumelos com muito pouco trabalho.

Os materiais necessários são :

1. Cogumelos frescos cultiváveis dos géneros Pleurotes, Volvaires e Auriculaires (as cápsulas podem ser consumidas, mas os estipes são conservados);
2. Grandes pedaços de cartão **castanho** intercalados com folhas onduladas;
3. Água (pode ser utilizada água da torneira, mas a água destilada ou filtrada é

[9] Esta cadeia de valor dos cogumelos cultivados oferece um potencial real para travar a imigração desordenada e arriscada de jovens africanos para os países do Norte.

melhor porque elimina o cloro.

4. Recipientes de plástico reciclado, como garrafas de água ou caixas usadas;
5. Um pequeno frasco de spray portátil.

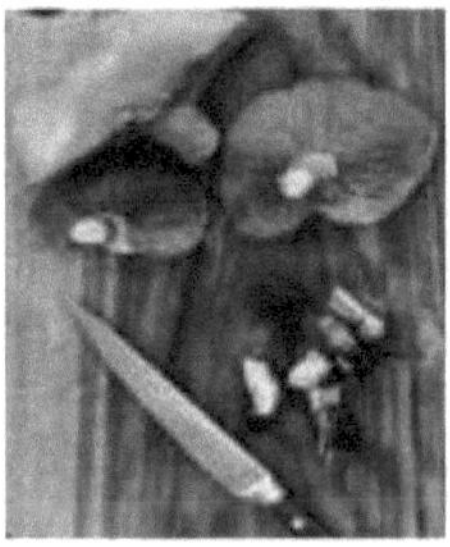

O processo consiste em pasteurizar pedaços de cartão canelado numa panela com água a ferver. Depois, retiram-se, deixam-se arrefecer e espremem-se os restos de água. Em seguida, preparar a garrafa de plástico transparente, fazendo-lhe vários furos de cima para baixo e cortando-a no sentido do fundo. Vire a garrafa ao contrário. Corte os caules dos cogumelos em pedaços pequenos, como pontas de cigarro. Primeiro, deite alguns caules de cogumelos na rolha. Em seguida, adicione alguns pedaços pequenos de caules de cogumelos e, por cima destes, deite uma quantidade de pedaços de cartão molhados e espremidos. Continuar o procedimento, acrescentando alternadamente camadas de pedaços de estipe de cogumelo e de pedaços de cartão húmido e espremido, até encher a garrafa. Espremer com as mãos todo o substrato inoculado para dentro da garrafa. Finalmente, colocar os frascos inoculados numa bancada em casa, no escuro ou num armário. Pulverizar duas vezes por dia. Após 15 dias, aparecerão os primeiros esporóforos e a segunda colheita terá lugar 25 dias mais tarde.
A micicultura caseira com cartão aplica-se aos cogumelos saprotróficos como os Pleurotes, Auriculaires, Ganodermes, Volvaires...

Etapa 1: Pasteurização de pedaços de cartão picado

Pasteurizar os pedaços de cartão canelado e desfiado mergulhando-os em água a ferver. Depois, retire-os, deixe-os arrefecer e, por fim, torça-os.

Passo 2: Encher o frasco de crescimento de cogumelos

Recupere garrafas de plástico com tampa (garrafas de água de 1,5 litros, por exemplo). Faça pequenos furos de baixo para cima em lados opostos. Corte a garrafa na base.
NB. Em vez de garrafas de plástico, também se podem utilizar outros recipientes de plástico, como sacos de polietileno ou caixas de plástico, para cultivar cogumelos.

Etapa 3: Inoculação de frascos de crescimento com pedaços de estipe de cogumelo

Cortar os caules dos cogumelos em pedaços pequenos, como pontas de cigarro, deitando fora as partes danificadas, minadas ou roídas. As tampas podem ser comidas. Inverter a garrafa sobre a tampa. Deita algumas pontas de cigarro na tampa. De seguida, espalhe uma primeira camada de cartão triturado. De seguida, espalhar mais estipe triturado. Espalhar camadas de cartão e de estipe até a garrafa estar cheia. Por fim, coloque a base da garrafa sobre a base cortada. Cole tudo. Prepara o mesmo número de garrafas cheias com camadas de cartão picado misturado com caules de cogumelos. As garrafas assim enchidas serão incubadas num banco, no **escuro**, ou num armário. Todos os dias, são borrifados com água, duas vezes por dia, com o pequeno borrifador manual, para os manter húmidos.

Fase 4: Frutificação do frasco de cultivo de cogumelos

Após uma semana, o conteúdo dos frascos de cultura estará completamente coberto de micélio branco. Isto significa que os cogumelos estão prontos para serem colhidos. Contudo, se os frascos começarem a apresentar manchas pretas ou verdes de bolor, significa que houve contaminação. Os frascos devem ser deitados fora. E repete-se o procedimento.

Etapa 5: Obter várias colheitas de cogumelos

As garrafas são regadas todos os dias. Após uma semana, os primeiros botões brancos de cogumelos aparecerão nos buracos ao longo da garrafa. Se continuares a regar, os primeiros cogumelos aparecerão sete dias mais tarde. Como o substrato ainda está cheio de nutrientes após a primeira colheita, não deites as garrafas fora. Uma segunda colheita de cogumelos pode aparecer depois de mais uma semana de rega diária.

Após a segunda colheita, o substrato pode ser utilizado como composto para jardins ou culturas alimentares.

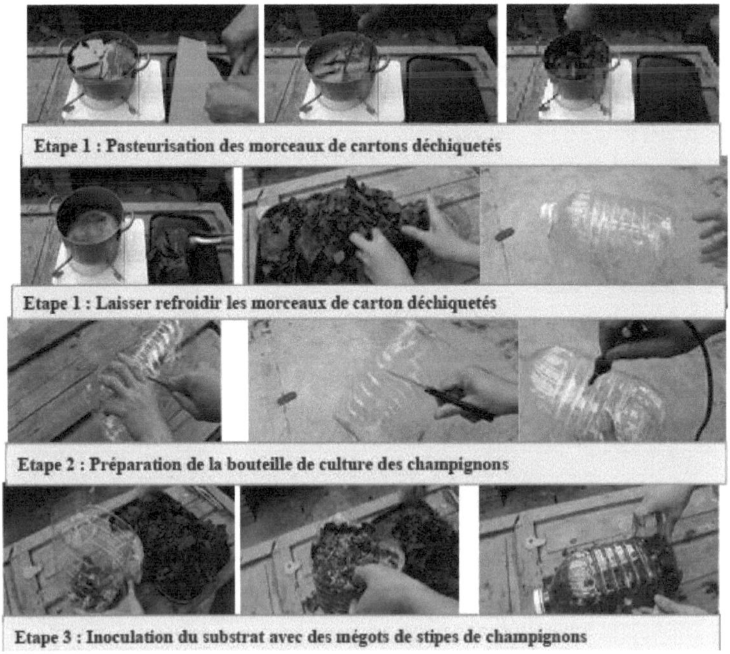

Etapa 1: Pasteurização de pedaços de cartão picado
Passo 1: Deixar arrefecer o cartão picado
Passo 2: Preparar o frasco de cultura de cogumelos
Fase 3: Inoculação do substrato com pontas de estipe de cogumelos

Após 7 dias: Desenvolvimento de micélio fúngico Pulverizar 2 vezes por dia
Após 15 dias
Após 7 dias: Desenvolvimento de micélio fúngico Pulverizar duas vezes por dia Após 25 dias

GLOSSÁRIO

Este glossário não exaustivo reúne o vocabulário micológico mais comummente utilizado em macroscopia e microscopia. Baseia-se em grande parte em várias obras de referência.

Acerbico: (gosto) (= amargo, adstringente, estíptico), que é áspero na língua (casca de banana).

Ácido: (gosto) (= azedo, ácido) que lembra o limão, o vinagre diluído.

Ácido: ver ácido

Acre: (sabor) (= picante) que lembra a pimenta.

Acule: ver echine

Acuminado: (cistide) (= cúspide) que termina num ponto alongado.

Adne: soldado ao pé, referindo-se às lamelas; (lamela) inteira e amplamente ligada ao pé.

Adenexe: um pouco adnina ou presa ao pé, referindo-se às ripas.

Azedo: ver ácido

Aguda: (cistite) pontiaguda.

Aiguillon: espinha de comprimento variável sob o capuz ou os ramos do elemento hidno do himenóforo em forma de ponto.

Esporão: (Hymenophore) constituído por esporões.

Alantoide: em forma de salsicha; (esporos) em forma de salsicha (*Auricularia*).

Alliace: (cheiro) que lembra o alho.

Alvéolo, alvéolo: depressão semelhante à feita pelas abelhas na cera; com tais depressões; (Esporos) com uma parede revestida de alvéolos

Amanitoide: (habitus) esporóforo com lamelas livres ou sub-livres, pé central separável do capuz, com volva e anel.

Amarescente: ver amargo

Amargo: (gosto) (= amarescente) que lembra o quinino ou o interior de uma casca de laranja.

Amorfo: (himenóforo) sem forma especial, encerrado no esporóforo (espécies de *Scleroderma* e secotioides).

Ampulário: (cistídeo) em forma de bolbo.

Amigdaliforme: em forma de arete; (esporos) em forma de arete.

Amiloide: muda de cor na presença de uma solução de iodo (Melzer rectif) (parede celular) torna-se cinzento-escura em contacto com uma solução de iodo.

Anastomose: (lamela) formação de uma rede resultante da fusão múltipla de lamelas vizinhas.

Angular: (Poro) constituído por ângulos e lados (5 ou 6) de comprimento constante; (Esporos) com a forma de um polígono.

Anel: membrana circular deixada no pé pela cortina ou pelo véu; restos do véu parcial que liga o pé à calote, permanecendo depois geralmente no pé, por vezes na margem (chamado apendicular).
Alça de anastomose: (= alça) crescimento lateral no septo hifal.
Apical: na parte superior; (Poro, véu parcial) situado na parte superior.
Apículo: apêndice do esporo dos basidiósporos, para a parte inferior do qual se estende o esterigma.
Achatada: que se tornou plana
Apêndice: (cistídeo) com um ou dois apêndices; (margem) estendido por uma franja irregular de detritos do véu universal.
Boticário: carpóforo, geralmente em forma de taça
Aplicada: camada sobre o seu suporte, não levantada
Apre: cf. acerbic
Arachneen: em forma de teia de aranha
Aracnoide: (pileipellis, stipitipellis) coberto de pêlos finos, longos, entrecruzados ou paralelos.
Aréola: fenda ou fissura; cf. guttule
Arete: extremidade das lâminas
Argila: cor argilosa.
Armillarioide: (habitus) esporóforo com lamelas aderentes (não livres-sublivres), pé central ou ligeiramente excêntrico, carnudo (polpa fibrosa ou quebradiça) e não separável do chapéu, sem volva, com anel.
Arque: (ripa) curvada como um arco, ligeiramente côncava.
Arredondado: (ápice cístico) tem um perfil curvo.
Ascendente: (anel) (= origem inferior) que se eleva do seu ponto de fixação ao pé.
Ascomicetes: classe de fungos cujos esporos são produzidos em ascos.
Ascoscarpus: Ascomicetes carpóforo
Aspérula: coberta de asperitas
Asca: órgão reprodutor em forma de saco; célula do himénio dos Ascomicetes no interior da qual são produzidos 8 (mais raramente 2, 4 ou um múltiplo de 8) ascósporos.
Adstringente: ver acérbico
Atenuado: (pé) estreitado para baixo ou para cima; (topo ou base do cistídeo) gradualmente estreitado.
Basal: (véu parcial) situado na base.
Base: parte inferior
Basídio: célula do himénio dos Basidiomycetes na qual são produzidos 4 (mais raramente 2 ou 3) basidiósporos.

Basidiomicetos: classe de fungos cujos esporos são produzidos em basídios.
Bifurca-se: divide-se em dois; (cistide) divide-se em dois ramos.
Bispore: tem dois esporos
Bispórico: (basídio) tem 2 esterigmatas.
Boletoide: (habitus) esporóforo com himenóforo tubular, carne putrescível e mole, pé central, sem anel ou volva.
Anel: ver anel de anastomose
Conta: anel com o aspeto de uma renda fina, simples e membranosa.
Botão: (parte superior da cistide) com um botão superior.
(In) escova: (cistite, hifa) herisse de divertículos.
Bulbo, bulboso: extremidade saliente, especialmente na base do pé; (pé) com a base alargada; (cístico) saliente na base.
Bulboso: (pé) com uma pequena base bulbosa.
Campanula: em forma de sino; (tampa) em forma de sino.
Cannele: marcas de ranhuras ou de sulcos
Byssus: feltragem de filamentos
profundos cf. strier

Cantharelliform: com a forma de cantarelos
Cantharelloide: (habitus) esporóforo com himenóforo fortemente decrescente, de veias rugosas ou com pregas arredondadas, pé central ou ligeiramente excêntrico, carnudo, não separável do chapéu, sem volva ou anel.
Capite: (cistite) termina numa protuberância arredondada súbita.
Capilite: rede de filamentos na gleba
Carpóforo: corpo de frutificação dos fungos; cf. frutificação
Cartilaginoso: (Carne) firme, dura, mas muito flexível, elástica e flexível.
Quebrável: ver frágil
Caulocistídeo: pelo do pé; cistídeo localizado na superfície do pé.
Cavernoso: oco com cavidades irregulares; (pé) (= lacunoso) com a parte central oca com cavidades irregulares.
Celular: (trama) composta por hifas com células arredondadas e esferocistos.
preso no meio do chapéu.
Cerace: aspeto de cera; (ferrão, lamela, pileipela, estípite, tubo) tem a consistência de cera.
Central: (chapéu) cujo pé é
Cespiteux: (modo de crescimento) em tufos com as bases dos caules fortemente ligadas.
Cerebriforme: dobras e convoluções como um cérebro
Carne: tecido mais grosso ou mais fino do chapéu ou do pé; (chapéu, pé) (= Carne, trama) tecido que compõe o chapéu e o pé.

Capa: parte superior do esporóforo; (= capa) estrutura que contém o himénio do fungo.
Charnu: carnudo, bastante espesso; (carne, tubo) (= mole, esponjoso) espesso, mole e putrescível.
Quilocistídios: cistídios na aréola das lamelas; cistídios localizados na aréola das lamelas.
Chinure, chine: fibrilas ou linhas que produzem um padrão ou mármore mais ou menos definido; (pé) aparado com zonações horizontais e irregulares de aspeto zebrado.
Clamidósporo**:** esporos formados em cadeia por espessamento da parede
Circular: (pé) (= terete) com uma secção transversal redonda.
Circunsésseis: (volva) finos, bem compactados na base do pé, formando uma pequena protuberância na parte superior da parte bulbosa do pé.
Citriforme: em forma de limão
Citrina: cor de limão
Clave, claviforme: cf. em forma de maça; claviforme; (basídeo, cistídeo, pé) (= clave) em forma de taco.
Clitocubóide: (habitus) esporóforo com lamelas decurrentes (subdecurrentes a profundamente decurrentes), pé central ou ligeiramente excêntrico, carnudo (polpa fibrosa ou quebradiça) e não separável do chapéu, sem volva ou anel.
Clive: ver crack
Partição: (basídio, cisto, hifa, esporo) (= septo) parede transversal que delimita as células.
Partição: (basídeo, cístico, hifa, esporo) dividido por uma ou mais partições.
Colarinho: uma aba soldada sob a forma de um cordão anular que envolve a parte superior do pé.
Colibóide: (habitus) esporóforo fino com lamelas aderentes e não decrescentes, capuz convexo, margem curva (enrolada na base), pé central fino, fibroso a cartilaginoso, não separável do capuz, sem volva, geralmente sem anel.
Composto: (Poro) caracterizado pela presença de partições.
Comprimir: mais ou menos achatado; (pé) elíptico na secção transversal.
Côncavo: órgão com uma depressão no centro; (tampa) em forma de taça; (lâmina, esporos) com uma curvatura reentrante.
Concêntricas: áreas circulares com o mesmo centro
Concolour: a mesma cor que outra parte.
Cónico: em forma de cone; (tampa, topo do cistídeo) em forma de cone.
Conne: ver brochura
Conjuntivo: filamento que liga hifas, ornamentos ou esporos
Convexo: arredondado ou mais alto no centro; (tampa) abobadado; (esporos)

com curvatura para fora.
Coraloide: (cistídeo) forma irregular que lembra um coral.
Cordiforme: de forma oca
Coriace: resistente, como o couro; (carne, tubo) tenaz, resistente, sólido como o couro e pouco putrescível.
Cortinarioide: (habitus) esporóforo com lamelas aderentes (não livres-sublivres), pé central ou ligeiramente excêntrico não separável do chapéu, sem volva, com um véu parcial fibriloso solto.
Cortina, cortiforme: véu universal ou parcial de certas espécies de fungos (Cortinaria, *Inocybe);* os restos do véu permanecem no pé sob a forma de fibrilas soltas, espaçadas ou achatadas, por vezes de aspeto aracnoide.
Classificação : Protrusão linear
Casca: (tampa, lamela ou prega, margem, pé, esporos) coberta de nervuras ou de saliências lineares.
Curva: (pé) cabide.
Cottony: coberto ou cheio de filamentos em forma de novelo
Craquele: ver rimar
Crenele: (arete, margem) com serrilhas arredondadas e obtusas.
Crenule: (arete, margem) finamente crenele.
Oco: (pé) com uma cavidade central contínua, por vezes cheia de líquido.
Crevasse: ver rima
Cúpula, cúpula: com a forma de uma pequena taça
Cúspide: ver acuminado
Cutícula: película superficial que cobre o chapéu, que pode ou não ser destacável.
Cilíndrico: (basídeo, cistídeo, pé, esporo) reto, circular e de diâmetro constante ao longo de quase todo o seu comprimento.
Cathiform: película que pode ou não ser destacável do chapéu
Cistídeo: elemento celular estéril, diferenciado, de forma variável. Pode estar na margem (cheilocistídeos), nas lamelas (pleurocistídeos), no chapéu (pilocistídeos) ou no pé (caulocistídeos); célula estéril do himénio, por vezes também observada na superfície do chapéu ou do pé.
Dechire: cf. lacere
Decorrente: que corre pelo pé; (lamela) que adere ao pé e se estende ao longo dele.
Delicado: cf. frágil
Deliquescente: que se liquefaz em tinta preta; (Carne, lamela) que se liquefaz durante o desenvolvimento.
(D') amete, amere: (cheiro) que lembra o maçapão

Dente: um pequeno prolongamento da pata ou um pequeno dente que sobressai das lamelas ou da margem.
Denticule: ver serrilha
Depressão: (hat) com depressão central moderada e progressiva.
Dermatocistite: cf. pilocistite
Descendente: (anel) (= pendente, de origem superior) que desce do seu ponto de fixação ao pé.
Destacável: utilizado para descrever tiras ou tubos que se destacam facilmente da carne.
Dextrinóide: torna-se castanho-avermelhado na presença do reagente de Melzer; (esporos, hifas) reagem ao reagente de Melzer com uma coloração vermelha ou castanho-avermelhada.
Digite: (cistide) com numerosos apêndices semelhantes a dedos.
Dilatado: (cístico) alargado em parte do seu comprimento.
Dimítico: (estrutura) constituído por hifas esqueléticas (de paredes espessas) e hifas generativas (de paredes finas).
Disco: parte central da tampa
Divergente: (trama) composta por hifas paralelas no centro e hifas divergentes nos lados.
Divertículo: (hifa, cisto) com numerosos apêndices irregulares.
Doux: (gosto) agradável, doce.
Reto: (pé) não curvo; (margem) nem inflectido nem reflexo.
Duro: (ferrão, carne, lamela, tubo) (= lenhoso) que lembra a madeira, não putrescível.
Penugento: coberto de penugem ou de pêlos curtos; também aveludado, tomentoso, lanoso, sedoso; cf. pubescente.
Escala: uma placa ou camada de película sobre o pé ou a tampa.
Escamoso: (volve) constituído por placas; (pileipellis, stipitipellis) adornado com placas, placas regulares de origem superficial.
Echancre: ver emargee
Espinhoso: (pileipellis, Spores, stipitipellis, universal veil, volva) (= spiny, aculeus) revestido de espinhos ou de escamas pontiagudas.
E **Echinula**: (anel, pileipellis, stipitipellis, véu universal, volva) (= spinuleux) herisse de pequenas espigas, finamente espinhadas.
Ectomicorrízico: desenvolvimento de uma simbiose ectomicorrízica com as raízes de uma planta hospedeira.
Effiloche: cf. lacinia
Igual: de tamanho uniforme
Elance: (basid, cystid) muito alongado.

Elipsoide: (cistídeo, esporo) de forma elíptica.
Emargee : (lamelle) (= echancre) não totalmente ligado ao pé devido à presença de um entalhe.
Emergente: (cystid) que suporta de
o hímenium.
Enroule: (margem) (= involuto) rola para dentro.
Encapsula: (Esporos) revestidos de mucilagem
Encroute: coberto com uma crosta
Elipsoide, elíptico: de forma elíptica, com um perfil paralelo alongado
Inteiro: ver liso
Enucleável: separável
Grosso: (anel, volva) cujo tecido é consistente e carnudo.
peron: (esporos) com um esporão basal.
Espiga: formação de um esporóforo na superfície do solo.
Enroule: rola para dentro
Espinhoso: com espinhos; cf. echine
Erode: aspeto roído; (arete, Pore, volve) (= irregular) revestido de incisões irregulares que dão um aspeto roído, esfarrapado ou esfarrapado.
Estalão: com uma superfície mais ou menos lustrosa ou uma margem quase horizontal; (ligação ao substrato) inteiramente aplicado ao substrato; ver plano.
Laje rectificada: (ligação ao substrato) resina com bordos rectificados.
Estrela : em forma de estrela
Etrângulo: (cistide) com uma constrição local.
Estreito: (cistídeo) de largura reduzida; (lâmina) com um perfil regular e altura reduzida e constante.
Evanescente: ver fugaz
Excedente: (pileipellis) saliente em relação à margem e, por vezes, com uma protuberância. **Empanturrado:** (pé) cheio, mas com a polpa menos compacta, cotanilhoso no centro.
Farinha: pó branco, revestida de um pó branco
Fascículo: em grupos apertados; (modo de crescimento) (= cone) em tufos com as bases dos pés longamente ligadas. **Feltro:** (anel, pileipellis, stipitipellis, volva) densamente coberto de fibrilhas curtas, entrelaçadas e compactas que tornam a superfície mate e subglabra.
Fibra: filamento longo e resistente
Fibroso: (anel, carne, volva) formado por fibras longitudinais ou radiais.
Fibrilas: pequenas fibras
Fibriloso: coberto de pequenas fibras; (pileipellis, stipitipellis, voile universel, volve) (= filamentoso) coberto de fibrilhas em camadas mais ou menos

paralelas.
de aspeto apendicular ou envolvendo o pé do esporóforo quando jovem.
Excêntrico: diz-se de um pé que não está fixado exatamente no centro do chapéu; (chapéu) fixação do pé fora do centro do chapéu.
Excipulo: camada de tecido estéril
Exoperidium: camada exterior do peridium
Filamentoso: cf. fibrilado
Filiforme: pequeno, estreito como um fio; (cistídeo, pé) (= mantido, delicado) fino e de diâmetro constante em todo o seu comprimento.
Fimbrie: cf. lacinie
Fissura: (arete, chapeau, marge, pied, volve) (= clive, decoupe, fendille, incise) revestida de fendas, fissuras, incisões.
Fistuloso: (pé) (= túbulo) com uma cavidade estreita no centro.
Fixo: (anel) que não desliza ao longo do pé.
Flabeliforme: em forma de leque
Flexível: (ferrão, lamela) (= flexível) que volta à sua posição inicial depois de dobrada.
Flexueux: sinuoso, ondulante; (cistide) ondulante, sinuoso.
Escamoso: coberto de pequenos tufos de lã; (annulus, pileipellis, stipitipellis, volva) coberto de pêlos finos muito longos formando flocos.
Floco de neve: pequenos tufos de lã; (véu universal) aglomerados leves e individualizados.
Fúngico: (cheiro, sabor) caraterístico do cogumelo-botão *(Agaricus bispouus).*
Fungoide: que se assemelha a um cogumelo
Bifurcada: (cistídeo, hifa, lâmina) dividida na extremidade em dois (ou mais) ramos.
Foveola: cf. scrobicule
Frágil: (ferrão, carne, lamela, pé, véu parcial, véu universal) (= quebradiço) pouco flexível e que se parte facilmente quando dobrado.
Franja: com franjas
Fronde: cf. pliciforme
Frutificação : (= carpóforo, esporóforo) estrutura mais ou menos complexa que produz esporos.
Fugaz: que desaparece rapidamente; (véu parcial, véu universal) (= evanescente) não persistente, que desaparece rapidamente durante o desenvolvimento.
Furfurace: coberto de pequenas escamas ou películas; (pileipellis, stipitipellis) coberto de pequenas escamas de cor amarelada.

Fusiforme: fusiforme;
(cistídeo, pé, esporo) fusiforme.
Cinta: invólucro que envolve e endurece o pé; também designada por manga.
Galerinóide: (habitus) esporóforo fino com lamelas aderentes, decurrente a subdecurrente, capuz convexo, cónico a campanulado, pé central, fino, frágil ou cartilaginoso e não separável do capuz, sem volva, com anel.
Giboso: (Esporos) com um perfil acidentado.
Glabro: desprovido de pêlos ou finamente piloso, tornando-se depois glabro; (pileipellis, stipitipellis) desprovido de pêlos ou de qualquer outra ornamentação.
Glabrescente: perde o pelo com o tempo.
Glebe: carne no carpóforo
Globoso: de forma esférica; (tampa, esporos) esféricos.
Glúten, gelatinoso: camada viscosa, pegajosa ou glutinosa; com esta camada: que tem a consistência de gelatina
Granular: (esporos, véu universal) constituído por ou contendo pequenos grãos.
Gordura: (pileipellis, stipitipellis) oleosa e cremosa.
Gregaria: (modo de crescimento) em grupos mas sem ligação entre os esporóforos.
Grele: (cystid, pé) estreito e alongado.
Guttule, guttulé: pequena gota; (Spores, pileipellis, stipitipellis) (= areolado) com manchas mais ou menos redondas e regulares que se assemelham a gotas.
Habitus: aspeto macroscópico geral de um fungo baseado numa combinação de caraterísticas como a presença ou ausência de um anel ou cortina, presença ou ausência de uma volva, consistência da polpa do pedúnculo, fixação do pedúnculo ao chapéu, fixação das lamelas, forma do chapéu, forma da margem do chapéu, presença ou ausência de lamelas cerosas, mas sem ter em conta a cor do esporo.
Hemisférica: com a forma de uma esfera
(micélio, pileipellis, stipitipellis) (= estrigoso) coberto de pêlos rígidos e erectos, não necessariamente perpendiculares à superfície.
Hirsuto: (pileipellis, stipitipellis) coberto de pêlos rígidos e erectos perpendiculares à superfície.
Húmico: (cheiro) que lembra a terra e o húmus.
Hialina: translúcida e incolor; (esporos) semelhantes a vidro, homogénea
Higrofana: aspeto húmido ou translúcido quando húmido, tornando-se mais pálido e opaco à medida que seca; (pileipellis)
opacificação e clareamento por secagem, frequentemente revelados por zonação no centro ou na margem do chapéu.

Higroforóide: (habitus) esporóforo com lamelas espessas e cerosas, aderente (não livre-sublime), pé central ou ligeiramente excêntrico, carnudo e não separável do chapéu, sem volva, com ou sem véu parcial.
Hymenium: camada fértil composta por ascos ou basídios e células estéreis dispostas em paliçada; tecido do chapéu que contém células férteis produtoras de esporos (basídios ou ascos) e células estéreis (cistídios).
Hymenóforo: estrutura que suporta o himénio (pregas, dentes, lamelas, tubos).
Hifema: filamento contínuo ou compartimentado; filamento que compõe os tecidos dos fungos.
Hipogéneo: formação de um esporóforo abaixo da superfície do solo.
Imbricado: colocado como as telhas de um telhado; (ligação ao substrato) formando várias calotes sésseis parcialmente sobrepostas como as telhas de um telhado.
Inamilóide: o oposto de amiloide (ver amiloide)
Incrustado: (cistídeo) com aglomerados amorfos ou cristalinos na parede.
Incurvo: curvado para fora, mas não enrolado; cf. infléchi **(**original**)** **Indusie:** véu com a aparência de um saiote de tule **Infère:** cf. ascendente **Infléchi:** (margem) (= curvo) curvado para dentro.
Infundibuliforme: em forma de funil; (tampa).
Inato: incluído no revestimento, não apenas revestido ou aprimorado **Inserido:** (ligação ao substrato) diretamente ligado ao substrato sem hifas visíveis na base.
In situ: no local.
Intercelular: (pigmento) localizado entre as células ou hifas, no exterior das paredes.
Intermédio: (anel) que combina os aspectos ascendentes e descendentes.
Interveiculadas: unidas por veias (lamelas) com uma veia que se estende até ao seio inter lamelar.
Intracelular: (pigmento) localizado no interior das células ou das hifas.
Invertida: (trama) composta por hifas que convergem para o centro.
Irregular: (borda) cf. erodida; (trama) composta por hifas emaranhadas.
Labyrinthiform: (Poro) tortuoso,
contornadas e interligadas.
Lacéré: (borda) (= rasgado) irregularmente cortado, rasgado, retalhado.
Lacinié: (anel, crista, volva) (= fimbriado, esfiapado) dividido em tiras, em pedaços estreitos.
Lacrimóide: (Esporos) em forma de lágrima.
Lageniforme: (cistide) em forma de garrafa.
Leite: líquido da polpa ou das lamelas **Lamelas:** folhas finas sob o chapéu; parte da organização do himenóforo na maioria dos Basidiomycetes, muitas

vezes com uma trama diferenciada.

Lamelar: (Hymenophore) organizado em lamelas radiais.

Lamela**:** uma lamela que não atinge o pé.

Lamprocistídeo: um cistídeo de paredes espessas
refractiva.

Lancéolé: em forma de ponta de lança; (cistide) em forma de ponta de lança acuminada.

Lanuginoso**:** coberto de pêlos densos mas macios; (anel, crista, pileipellis, poro, stipitipellis, volva) (= lanuginoso) coberto de pêlos finos, flexíveis, muito compridos, emaranhados e pouco compactos.

Lanuginoso: cf. lanuginoso

Largo: (lamelar) (= subventral) com um bordo ligeiramente convexo.

Lateral: pé que prolonga o lado ou o chapéu; (pé) fixação do pé na extremidade ou no lado do chapéu.

Látex: suco ou líquido leitoso que escorre de um esporóforo cortado, ferido ou amassado.

Lecitiforme: (cistide) em forma de quilha.

Lepiotoide: (habitus) esporóforo com lamelas livres ou sub-livres, pé central separável do chapéu, sem volva, com anel.

Leptocistide: cistide de paredes finas.

Livre: (lamela) não ligada ao pé.

Apertado: ver suberoso

Woody: ver difícil

***Limbus internis*:** ponta ou margem no interior da volva.

Linguiforme: em forma de língua **Liséré:** besta estreita de cor **Lisse:** liso, de superfície plana; (anneau, arête, lamelle, Pore, volve) (= todo) sem ondulações, incisões, fendas, entalhes, asperezas ou rugosidades.

Lobados: com partes salientes ou arredondadas; em forma de lóbulo da orelha; (margem, volva) com partes arredondadas separadas por sulcos ou seios mais ou menos profundos.

Losângicos: (Esporos) (= romboidais) em forma de diamante com os cantos arredondados.

Macrocistídeo: cistídeo de grandes dimensões que se origina no fundo da trama e que tem um conteúdo espampanado.

Mamelonne: (chapéu) com uma protuberância central em forma de mamilo.

Marmoreado: (Carne, lamela, pileipellis, stipitipellis) com manchas irregulares, parcialmente contíguas, que lembram o mármore.

Margem: refere-se ao contorno ou à ponta do chapéu.

Marbure, mabré: manchas irregulares; com tais manchas **Marge:** (pé) com

uma base abruptamente alargada formando uma margem bem marcada.
Mediostratum: tecido central da grelha.
Melzer: teste efectuado em esporos.
Provoca uma reação na parede do esporo. Enegrecimento = esporos amilóides, acastanhamento = esporos dextrinóides; sem alteração = esporos inamilóides.
Membranoso: (anel, carne, volva) fino e pouco carnudo.
Metulóide: (cístico) com uma parede espessa, frequentemente com uma massa cristalina no topo.
Micáceo: (véu universal) em pó com grãos muito pequenos e brilhantes.
Móvel: (anel) que desliza livremente ao longo do pé.
Manchado: decorado ou pontilhado com pequenas estrias ou manchas
Moniliforme: (cístico) com múltiplas dilatações e constrições sucessivas.
Monomítico: (estrutura) constituída apenas por hifas generativas (de paredes finas), moles e frequentemente muito putrescíveis.
Mucilaginoso: (pileipellis, stipitipellis) (= mucoso, viscoso) coberto por uma camada de muco, muitas vezes fugaz.
Mucronado: (ápice cístico) terminado abruptamente por uma ponta curta e obtusa.
Mucoso: ver mucilaginoso **Muricado:** ver metulóide
Micélio: todas as hifas ou filamentos que constituem a parte vegetativa de um fungo **Micénios:** (habitus) esporóforo fino com lamelas aderentes não decurrentes, capuz cónico a campanulado, margem pendente na base, pé central fino, fibroso a cartilaginoso que não pode ser separado do capuz, sem volva ou anel.
Micorriza: (= micorriza) associação simbiótica das hifas dos fungos com as raízes das plantas superiores, permitindo trocas recíprocas de substâncias.
Napiforme: em forma de nabo **Naucoróide:** (habitus) esporóforo com lamelas adnadas ou emarginadas (ligadas, mas não sinuosas ou decurrentes), pé central ou ligeiramente excêntrico, carnudo (polpa fibrosa ou quebradiça) e não separável do chapéu, sem volva ou anel.
Nódulo, nodular: nó pequeno, em forma de nó; (cístico) que apresenta nódulos, saliências ou dilatações irregulares.
Obclavé: (cystid) digitado ao contrário.
Obeso: cf. ventroso **Oblongo:** mais comprido do que largo **Obovoide**: (cistídeo, esporo) com a forma de um ovo invertido.
Obpiriforme: (cistide) com a forma de uma pera invertida, presa pela base alargada.
Obtuso: amplamente arredondado no ápice; (cap, cystid) com o ápice arredondado.

Oleífero: (hifas, esporos) com conteúdo que parece oleoso.
Umbilical: (tampa) com uma depressão central acentuada e abrupta que lembra o umbigo.
Umbigo: mamilo pontiagudo no centro do chapéu
Omphalinoid: cf. omphaloid
Omphalóide: (habitus) esporóforo fino, com lamelas subdecurrentes a decurrentes, capuz plano-convexo a plano, frequentemente umbilicado, pé central, fino, fibroso a cartilaginoso e não separável do capuz, sem volva ou anel.
Ondulado: (borda, capa, margem) com ondulações, sinuosidades.
Ornamentação: todos os
ornamentos na superfície de um órgão (verrugas, espinhos, cristas, etc.).
Ovoide: (esporos) em forma de ovo.
Papila, papilado: saliência ou
projeção muitas vezes aguda no centro do chapéu; (chapéu, esporo) decorado com uma projeção, uma pequena protuberância central semelhante a um alongamento.
Papyracé: fino como papel, com a aparência de papel; (carne) com uma estrutura que lembra o papel e que se rasga facilmente.
Parabólico: (chapéu) com a forma de uma parábola estreita.
Pectina: (margem) uniforme e fortemente estriada.
Pedunculado: (cistídeo) com uma base atenuada em forma de pequeno pé.
Peluche, pelúcia: cf. peludo; coberto de pêlos
Pingente: (margem) que aponta para baixo.
Perforatorium: (tampa) estrutura pontiaguda, frequentemente dura, localizada no centro do
Termitomyces hat.
Perídio: invólucro do esporângio dos fungos inferiores e dos esporóforos, frequentemente constituído por várias camadas **Peritécio:** corpo de frutificação que contém ascos
Persistente: (véu parcial, véu universal) que se mantém durante muito tempo no mesmo estado, não é delicado nem se deteriora facilmente.
Petaliformes: em forma de pétala **Faseoliformes:** esporos em forma de feijão.
Fragmobasídeo: basídeo dividido longitudinalmente ou transversalmente, formado por 2 a 4 células.
Perna: (= pé) estrutura que suporta o chapéu.
Pileipellis: (= revestimento da tampa) camada exterior que cobre a superfície da tampa.
Piliforme: (cistídeo) com a forma de um cabelo muito pequeno e alongado.

Pilocistídeo: pelo na superfície do capuz; (= dermatocistídeo) cistídeo localizado na superfície do capuz.
Pungente: cf. acre
Piriforme: (cistídeo) em forma de pera, presa pelo ápice atenuado.
Faixa supra-apicular: porção (esporos)
circulares ou elípticas acima do apículo, por vezes diferenciadas.
Plano: (chapéu) (= espalhar, polir) com uma superfície polida.
Plano: ver plano **Plano-convexo**: (chapéu) plano a ligeiramente convexo.
Lençóis: (velo universal) individuais, em chamois e em flocos prensados.
Sólido: (pé) com carne homogénea em todo o seu comprimento, sem espaços vazios ou fístulas.
Pleurocistídeo: cistídeo localizado na face das lamelas.
Pleurotóide: (habitus) esporóforo com lamelas aderentes, pé excêntrico, lateral ou ausente. Grupo heterogéneo constituído por
Schizophyllum, Pleurotus, Paxillus spp.
Dobra: (Hymenophora) projeção irregular com a forma de uma veia rudimentar, atrofiada, sem trama diferenciada.
Pliciforme: (tampa, margem) (= dobrada, enrugada, pregueada) irregularmente pregueada; (Hymenophora) com nervuras costadas.
Dobrado: cf. pliciforme **Pregueado:** cf. pliciforme **Pluteóide:** (habitus) esporóforo com lamelas livres ou sub-livres, pé central separável do capuz, sem volva ou anel.
Peludo: (pileipellis, stipitipellis) (= urbano, peludo, felpudo) pubescente, com pêlos longos e emaranhados.
Poliporóide: (habitus) esporóforo com polpa dura ou subcereal, imputrescível, tubos curtos não separáveis, pé excêntrico, lateral ou ausente, sem anel ou volva.
Pontilhado: marcado com manchas de diferentes cores **Punctiforme**: semelhante a um ponto **Punctate:** (anel, esporo) marcado com numerosas punções.
Poro: orifício no topo de um esporóforo ou orifício inferior dos tubos de Boletes e Polypores; extremidade livre do tubo do himenóforo em Boletes e Polypores. Poliporos.
Poro germinativo: zona de paredes finas, pálida e, por vezes, extensa, situada na parte superior de um esporo, oposta ao apículo, da qual emerge uma hifa durante a germinação.
Pulverulento: (cume) com um aspeto pulverulento; (volve) com uma consistência pulverulenta.
Pruine, pruineous: que dá a impressão de estar coberto de pó, mas sem ser farinha ou pó, mais ou menos como o aspeto de uma uva que não foi

manuseada; (pileipellis, pore, stipitipellis) (= pulverulento) coberto com uma camada de pó muito fina que pode ser esfregada.
Pseudocistídeo: extremidade de um laticífero que sai das profundezas da trama e se ergue no himénio.
Pseudorhiza: (= pseudorhiza) extensão do pé em forma de raiz.
Pubescente: (pileipellis, stipitipellis) (= pubescente, penugento) coberto de pêlos finos, curtos e flexíveis.
Pulverulento: (pileipellis, stipitipellis) coberto por uma camada pulverulenta.
Pulviné: chapéu arredondado, em forma de almofada.
Pustuloso: (tampa, margem, pé, esporo) coroado de pústulas ou de pequenas verrugas arredondadas.
Radial: (Poro) alinhamento regular do centro para o exterior, frequentemente mais pronunciado à volta do pé do que na margem do chapéu.
Radicante: que se estende sob a forma de uma falsa raiz axial, mais ou menos longa; (pé) atenuado na sua base e penetrando no substrato.
Ramificado: (cistide) com ramificações.
Rance: (cheiro) a manteiga velha.
Rugoso: cf. escabroso **Riscado:** (Carne, pileipellis, stipitipellis) (= elástico, fasciado) decorado com linhas ou descolorações longitudinais.
Reflexo: (margem) (= curvado, recurvado, curvado para fora, virado para cima).
Regular: (trama) composta por hifas paralelas.
Inchado: (cístico, pé) aumentado em qualquer parte do seu comprimento.
Reniforme: (esporos) em forma de rim.
Resupinato: (ligação ao substrato) séssil, aderente e ligado ao seu suporte.
Reticulado: (esporos, stipitipellis) ornamentado com uma rede.
Forro: todas as camadas celulares exteriores do chapéu ou do pé.
Revolutado: (margem) enrolado para fora e para cima.
Rizoide: filamento radiceliforme na base do pé.
Rizomorfo: micélio organizado em pseudo-radicelas, espirais ou feixes de hifas diferenciadas.
Romboide: cf. romboidal **Curvo**: cf. reflexo **Recurvado:** virado para baixo **Curvo:** mais largo em qualquer ponto **Reniforme**: em forma de rim **Rede:** conjunto de malhas
Retícula, reticulado: rede de mais ou menos
Rimeux: (margem, pé) (= fendido, fissurado) com superfície fissurada noutras direcções; (tampa) riscada por fissuras radiais que revelam a carne.
Rimeux auréolé: (tampa, margem) dividida em pequenas zonas delimitadas por fissuras.
Rizoide: filamentos semelhantes a raízes **Rizomorfo:** radícula ou cordão

bastante longo e espesso, estendendo-se desde a base do pé
Rivular: (tampa, margem) sulcada longitudinalmente ou radialmente e bifurcada como o delta de um rio: linhas ou fendas irregulares.
Círculo de bruxa: (modo de crescimento) esporóforos de um único micélio dispostos em círculo.
Rostré: (topo do cistídeo) terminado abruptamente por uma ponta obtusa bastante longa.
Rugoso: (capa, himenóforo, margem, pé, esporo) (= enrugado) com uma superfície que não é lisa, áspera; com asperezas ou granulação.
Áspero: (tampa, margem, pé) (= enrugado) coberto de rugas finas**. (En) Saco comprimido:** (volva) restos do véu universal, rasgado apenas na parte superior e aderente ao pé ao longo de todo o seu comprimento, exceto na parte apical.
(**En**) Saco **aderente**: (volva) (= espesso) restos do véu universal, relativamente espesso, livre e firmemente aderente à base do pé. **(En) saco aderente:** (volva) (= espessa) restos do véu universal relativamente espesso, livre e firmemente aderente à base do pé. **(En) saco livre:** (volva) (= fina) restos do véu universal membranoso, livre e quase não aderente à base do pé.
Escabroso: (chapéu, margem, pé) (= áspero) áspero ao tato.
Schaeffer: teste efectuado em esporóforos *de Agaricus.* O teste é positivo se, na intersecção de uma linha de anilina e ácido nítrico, o tecido do cogumelo se tornar laranja vivo.
Esclerócio: órgão subterrâneo de sobrevivência formado por uma condensação de micélio, de consistência dura e casca frequentemente escura.
Escrobiculado: (tampa, margem, pé) (= foveado) decorado com pequenas depressões ou covinhas.
Separabilidade: (pileipellis, himenóforo) propriedade de se separar da polpa do chapéu; (pé) propriedade de se destacar do chapéu.
Septado: (cistídios, hifas, esporos) filamento ou esporo dividido por partições; também conhecido como 1-, 2-, x-septado particionado.
Septum: cf. septum **Serrilhado**: (bordo, margem) (= denticulado) regularmente serrilhado como uma lâmina de serra.
Séssil: (ligado ao substrato) sem caule.
Sétacé: cf. sétiforme **Sète:** cf. sétule **Sétiforme:** (cystide) (= setaceous) of the form
uma pelagem rígida ou erecta.
Séssula: (= setas) seda minúscula, frequentemente colorida, erecta no interior do himénio ou na superfície dos revestimentos.
Estriado: cf. estriado
Sinué: (lamela) caracterizada por uma profundidade que aumenta gradualmente

da base para a margem do chapéu.
Sinuoso: (cistídeo) ondulante.
Espermático: (cheiro) de esperma.
Esferocisto: célula globular da polpa ou da trama.
Spheropedunculus: (cistídeo)
globoso com uma base fina e alongada.
Seda, setosa: pêlos bastante rígidos e bastante compridos. **Solitária:** (hábito de crescimento) isolada.
Flexível: ver flexível **Sedoso:** (pileipellis, stipitipellis, volve) coberto de fibrilhas muito finas, planas e brilhantes, com um aspeto acetinado.
Esponjoso: (Carne) macio e muito arejado como uma esponja.
Esporos: a semente de um fungo.
Esporoea: depósito de esporos, deixando uma tampa sobre papel ou vidro durante algumas horas; aglomerado de esporos que caíram do himénio de um esporóforo maduro.
Esporóforo: ver frutificação
Escamosa: pequena ou grande escala.
geralmente resultante da rutura do revestimento; coberto com estas escamas
Escamoso: (pileipellis, stipitipellis) revestido por fibrilhas quebradas e convergentes que formam escamas recumbentes.
Escamoso: (pileipellis, stipitipellis) (= loquaz, mealy, sub-squamous) coberto de pequenas escamas comprimidas, finamente escamoso.
Escamoso: (pileipellis, stipitipellis) eriçado de fibrilhas quebradas e convergentes que formam escamas grosseiras ou escamas erectas.
Escamoso: (pileipellis, stipitipellis) coberto de pequenas escamas verticais, finamente escamoso.
Estrelado: (Esporos) em forma de asa.
Esterigma: crescimento digitiforme de um basídio, na extremidade do qual se forma um esporo.
Pé: ver pé
Estipulado: (ligado ao substrato) com um pé.
Estriado: (anel, tampa, margem, pé, esporo, volva) (= estriado, sulcado) decorado com estrias bastante profundas.
Estriado: ver cerdoso
Estrobiláceo: (cap, volva) semelhante à superfície de um cone *de Pinus*, ou de *Encephalartos*.
Estíptico: cf. acerbico
Subadnado: cf. sub-libra **Subclavado**: (pé) ligeiramente em forma de taco.
Subdecorrente: (lamela) totalmente aderente e ligeiramente descendente ao

longo do pé.

Subdeprimido: (tampa) plano, mas com uma ligeira depressão central.

Suberoso: (carne, tubo) (= corky) consistência sólida, seca, duro-elástica.

Subgloboso: (tampa, esporos) quase esférico.

Sublibre: (lamela) (= sub-adornado) firmemente ligado ao pé, sem zona livre à sua volta.

Subporóide: (himenóforo) intermédio entre tubular e lamelar.

Substicial: (ligação ao substrato) com um pé muito curto.

Submamelar: (tampa) com uma protuberância central pouco profunda.

Subventru: ver grande **(origem)**

Superior: ver descendente **Tenaz**: (pileipellis) resistente à rutura, não elástico ou rasgável.

Ténu: cf. filiforme **Téralogique:** forma aberrante.

Tesselado: com o aspeto de um mosaico.

Tetraspórico: (basídeo) com 4 esterigmatas.

Tibiliforme: (cistídeo) brevemente inchado em ambas as extremidades, em forma de osso.

Tomentoso: (pileipellis, stipitipellis, volve) densamente coberto de pequenas fibrilhas entrelaçadas; coberto de pêlos finos, também conhecido como aveludado **Tomentum:** (= feltro) estrutura de um fungo resupinado de feltro aveludado que cobre o chapéu ou a superfície aderente ao substrato.

Topografia: (chapéu, pé) relevo, elevações ou desníveis da superfície.

Torcido: (pé) caracterizado por hifas longitudinais que se enrolam em torno do seu eixo.

Trama: ver carne

Triangular: (lamela) profundamente adnada com um bordo reto.

Tricolomatóide: (habitus) esporóforo com lamelas sinuosas ou emarginadas (aderentes), pé central ou ligeiramente excêntrico, carnoso (polpa fibrosa ou quebradiça) e não separável do chapéu, sem volva ou anel.

Trimítica: (estrutura) constituída por hifas generativas (de paredes finas), conectivas e esqueléticas (de paredes espessas).

Truncado: (pé) com uma base abruptamente alargada; (cistídeo, esporos) com uma parte superior alargada.

Tubo: himenóforo tubular nos boletos e nos poliporos; estrutura fértil do himénio nos boletos e nos poliporos.

Tuberculoso: usado especialmente para esporos com nódulos **Tubulado:** (himenóforo) constituído por tubos; (pé) cf. fistuloso **Uncinado**: com um gancho ou terminando em gancho.

Uniforme: (tampa, margem, pé, poro) sem elevação ou depressão, fenda, veia

ou buraco; (pé) com uma base regular.
Utriforme: (cístico) alargado no centro, com um ápice obtuso delimitado por uma constrição mais ou menos nítida.
Vaginóide: (habitus) esporóforo com lamelas livres ou sub-livres, pé central separável do chapéu, sem anel, com volva.
Veia: (capa, himenóforo, lamela, margem, pé) prega mais ou menos elevada que se encontra por vezes entre as lamelas, unindo-as a ponto de formar alvéolos.
Aveludado: (pileipellis, stipitipellis, volve) Coberto de pêlos curtos e muito apertados; densamente coberto de fibrilhas minúsculas, curtas e erectas.
Velu: cf. peludo **Ventru**: (pé) (= obeso) particularmente grande e frequentemente em forma de pera; (basídeo, cistídeo, himenóforo) alargado na sua parte central.
Estendida: cf. riscada
Verruga: (véu universal) Detritos do véu da calote, apresentando verrugas; flocos irregulares, individualizados e altos.
Verrucoso: (capa, cisto, margem, pé, esporo) decorado com verrugas.
Viscid: ligeiramente viscoso; um termo muito útil para indicar um estado do chapéu que, sem ser realmente viscoso ou pegajoso, parece um pouco gorduroso ou pegajoso.
Villeux: ver peludo
Viscoso: cf. mucilaginoso; adere aos dedos; intermédio entre viscoso e gelatinoso.
Véu parcial: estrutura que se estende entre a margem do chapéu e o pé quando jovem, rasgando-se durante o desenvolvimento do esporóforo, cujos restos permanecem no pé sob a forma de um anel ou cortina.
Véu universal: estrutura que envolve total ou parcialmente o esporóforo jovem, cujos restos permanecem sob a forma de um anel, volva, escamas ou membranas na margem do chapéu.
Volva: estrutura membranosa ou pulverulenta derivada do véu universal, situada na base do pé e geralmente com a forma de um saco. É também o saco membranoso, semi-membranoso ou escamoso que envolve a base do pé.
Zebra: (esporos) cobertos de nervuras, projecções lineares e paralelas.
Zona: animal de cor diferente; diz-se que é concêntrico ao chapéu, sobreposto ao pé.
Zona anuliforme: vestígios ténues do anel ou da cortina no pé.
Zonado: (pileipellis, stipitipellis, volve) (= zonulado) com um padrão concêntrico que alterna duas cores.

REFERÊNCIAS CONSULTADAS

Boa ER. 2006. Cogumelos silvestres comestíveis. Visão geral dos seus usos e importância para as pessoas. FAO 157p

Borah TR, Rahman H, Avasthe K et al. 2010. Produção de cogumelos - uma visão geral. Boletim Técnico n.º RC/SKM/05. pp 1-34, Complexo de Investigação do ICAR para a Região NEH, Centro de Sikkim, Tadong, Gangtok 737 102, Sikkim.

Borah TR, Hoque H, Kikon LE et al. 2013. Cultivo de cogumelos para renda subsidiária e segurança nutricional. Complexo de Investigação ICAR para a Região NEH, Centro de Nagaland, Jharnapani, Nagaland, pp. 47.

Duyck B 1994. UBWOBA: Les champignons comestibles de l'Ouest du Burundi - No. 34 (AGCD - Cooperation Belge, 1994, 123 p

Chang T, Miles PG. 1992. Edible Mushrooms and their Cultivation (Cogumelos comestíveis e seu cultivo). Publicação da CBS,

Delhi. Gogoi R. Rathaiah Y, Borah TR. 2006. Em Mushroom Cultivation Technology. Publicado por Scientific Publishers, Jodhpur. pp. 345

Clementon, 2012. Apresentação dos macrolepiotas

Cline, A. R. e Leschen, R.A., 2005. Coleoptera associated with the oyster mushroom, *Pleurotus ostreatus* Fries, in North America. Southeastern Naturalist, 4(3), pp.409-420.

Cunningham, G.H. (1965). "Polyporaceae da Nova Zelândia". Boletim do Departamento de Pesquisa Industrial da Nova Zelândia. 164: 261.

Da Silveira RMB, Wright JE. 2005. A taxonomia de *Echinochaete* e *Polyporus* s. str. no sul da América do Sul. Mycotaxon. 93: 1-59.

Dijk H. van, Onguene N.A, Kuyper T.W. 2003. Conhecimento e utilização de cogumelos comestíveis por populações locais da floresta tropical do Sul dos Camarões. Ambio. 32 (1): 15-23

Douanla-Meli C. 2007. Fungi of Cameroon. Diversidade ecológica com ênfase na taxonomia de Hymenomycetes não galhados da reserva florestal de Mbalmayo. Revisão: Austrian Journal of Mycology 16: 291-292Echinochaete DA Reid :283, 1963". MycoBank. Banco Internacional de Micologia Associação. Recuperado em 2013-02-06.

DeConchat C, Polese J-M.2002. Champignons : I'encyclopedie. Losange - França Eds. Artemis ISBN: 2-84416-145-6

Degreef J, De Kessel A. 2017. 2017.The Edible Fungi of Tropical Africa annotated database. [www.EFTA-online.org - acedido em dd/mm/aaaa]

De Kessel A, Kasongo B, Degreef J. 2017. Cogumelos comestíveis de Haut Katanga (RD Congo). ABC-Taxons vol. 17. Appui a la cooperation belge au developpement. ISBN 9789082179828, pp 232-235

Ebika S. T, Codjia J. E.I., Yorou S. N et al, J. Appl. 2018. Cogumelos comestíveis selvagens e conhecimento endógeno dos povos indígenas Mbenzele e Ngombe da República do Congo. Jornal de Biociências Aplicadas 126: 12675-12685 ISSN 1997-5902

Egbe E.A, Tonjock R.K, Ebai M.T et al. 2013. Diversidade e distribuição de macrofungos (cogumelos) na região do Monte Camarões. Jornal de Ecologia e Ambiente Natural. 5(1): 318-334

Ekandjo, L. K., & Chimwamurombe, P. M. (2012). Usos medicinais tradicionais e hospedeiros naturais do género *Ganoderma* em partes do nordeste da Namíbia. Jornal de Microbiologia Pura e Aplicada, 6 (3), 1139-1146.

Guissou KML, Lykke AM, Sankara P, Guinko S. 2008. Declínio dos cogumelos silvestres. reconhecimento e utilização no Burkina Faso. Econ. Bot. 62(3):530-539.

Hama O, Daniëls P, Barage M.P, et. 2019. Diversidade etnomicológica e conhecimento de super fungos úteis no sudoeste do Níger, África Ocidental. Afrique SCIENCE 15(1):186 - 200 186 ISSN 1813-548X, http://www.afriquescience.net

Heinemann P. 1956. *Agaricus* 1. Flore Iconographique des Champignons du Congo, Fasc. 5, 99-119.

Heinemann P. 1957. *Agaricus* 2 e *Pilosace*. Flore Iconographique des Champignons du Congo, Fasc. 6,121-37.

Heinemann P. 1967. *Chlorophyllum*. Flore Iconographique des Champignons du Congo, Fasc. 16, 323-4.

Heinemann P. 1970. *Macrolepiota*. Flore Iconographique des Champignons du Congo, Fasc. 17, 332-8.

Hennings P. 1895. Fungi Camerunenses I. Engler's Botanische Jahrbrucher 22, 72-111.

Hennings P. 1897. Fungi Camerunenses 2. Engler's Botanische Jahrbrucher 23, 537-58.

Hennings P. 1901. Fungi Camerunenses 3. Engler's Botanische Jahrbrucher 30, 39-57.

Hennings P. 1905. Fungi Camerunenses 4. Engler's Botanische Jahrbrucher 35, 119-29.

Hennicke FZ, Cheikh-Ali T, Liebisch JG. 2016. Distinguindo *Ganoderma lucidum* cultivado comercialmente de *Ganoderma lingzhi* da Europa e do Leste Asiático com base na morfologia, filogenia molecular e perfis de ácido triterpênico. Phytochemistry 127:29-37.

Kaaya G P, Kadhila-Muandingi PN, Lotfy HR et al. 2012. Determinação da concentração óptima de algas marinhas para o cultivo de cogumelos e a capacidade dos cogumelos para absorver iodo. Jornal Africano de Investigação Agrícola Vol. 7(25), pp. 3673-3676.

Kamou H, Nadjambe P, Guelly A et al. 2015. Cogumelos silvestres comestíveis do Parque Nacional de Fazao-Malfakassa (PNFM) no Togo (África Ocidental): Diversidade e conhecimento etnomicológico.

Kadhila-Muandingi NP, Nametso O et al. 2014. Atividade antiplasmódica dos cogumelos indígenas *Ganoderma lucidum* e *Terfezia pfeilii* da Namíbia. Jornal de Parasitologia. Photon 104 (2013) 186-193.

Kadhila-Muandingi NP, Chimwamurombe PM. 201). Uses of *Ganoderma* and other Mushrooms as Medicinein Oshana and Ohangwena regions of Northern Namibia. Jornal de Investigação em Agricultura, 1(2): 146-151.

Kadhila-Muandingi PN. 2010. A distribuição, diversidade genética e utilizações dos cogumelos *Ganoderma* em Oshana e Kimenju JW, Odero GOM, Mutitu EW. 2009. Adequação de substratos disponíveis localmente para o cultivo de *pleuroto* (*Pleurotus ostreatus*) no Quénia. Asian Journal of PlantSciences , 8 (7), p.510.

Kirk PM, Cannon PF, Minter DW, Stalpers JA (2008). Dicionário de Fungos (10ª ed.). Wallingford: CABI. p. 272. ISBN 978-0-85199-826-8

Kosanic, M., Rankovic, B., & Dasic, M. (2013). Propriedades antioxidantes e antimicrobianas dos cogumelos, 19 (5), 1040-1046.

Kouagou YR, Tsopmbeng GN, Njouonkou AL. 2016. Diversidade e etnomicologia dos cogumelos silvestres utilizados na prefeitura de Lobaye da República Centro-Africana. Bull. Sci. Environ. Biodivers. 1:30-38.

Kour H, Kour D, Kour S et al. 2022. Bioactive compounds from mushrooms: Emerging bioresources of food and nutraceuticals. Food Bioscience. Volume 50, Parte B. Elsevier, 102124

Kuradi C, Khongla C, Musika S. 2017. Cultivo de *Lentinus squarrosulus* e *Pleurotus ostreatus* em substrato à base de bagaço de mandioca. Revista Internacional de Tecnologia Agrícola. Vol. 13(6): 883-892. http://www.ijat-aatsea.com ISSN 1686-9141

Kirk PM, Cannon PF, Minter DW, Stalpers JA. 2008. [e]Dictionary of Fungi (10 ed.). Wallingford, Reino Unido: CABI. p. 682. ISBN 978-0-85199-826-8.

Kirk M, Cannon PF, Minter DW, Stalpers JA. 2008. [th] Dictionary of the Fungi (10 ed.). Wallingford, Reino Unido: CAB International. p. 225. ISBN 978-0-85199-826-8.

Labbe R., Fortin G, Landry J. 2020. Glossário de termos micológicos. https://www.mycoquebec.org/Glossaire/glossaire.php, 238p

Malaisse, F. 1997. Nutrir-se na floresta branca africana. Abordagem ecológica e nutricional. Imprensa Agronómica de Gembloux. P. 15-35.

Laess0e T, L. Ryvarden, Roy Watling e A. J. S. Whalley. 2011. Fungos saprotróficos da região da Guiné-Congo. Actas da Sociedade Real de Edimburgo, 104B, 335-347, 199

Manikandan K. 2011. Nutritional and medicinal values of mushrooms In: Mushrooms cultivation, marketing and consumption. Eds Singh M, Vijay B, Kamal S, Wakchaure GC. pp 11-14. Publicado por Directorate of Mushroom Research, ICAR, Chambaghat, Solan-173213 (HP).

Mshigeni KE, Chang ST. 2000. A guide to successful mushroom farming: an agenda for developing Africa differently. Universidade da Namíbia, Windhoek.

Moreau C, Rouard B. 1984. Guia dos cogumelos comestíveis e venenosos. Librairie Larousse. 264p

Njouonkou A-L. 2011. Taxonomie, systematique et étude phylogenetique des genres *Lentinus* Fr. et *Pleurotus* (Fr.) Kramer au Cameroun baséee sur la morphologie et les sequences des régions ITS de l'ADNr et identification des enzymes extracellulaires oxydases de quelques champignons lignivores. Tese de doutoramento, Universidade de Yaoundé I: 198 pp.

Oei P. 1996. Mushroom cultivation: With special emphasis on appropriate techniques for developing countries. Leiden Tool, Países Baixos, p

Regiões Ohangwena do Norte da Namíbia (Tese de Mestrado). Shikongo, L.T., 2012. Analysis of the mycochemicals components of the indigenous Namibian *Ganoderma* Mushrooms (Doctoral dissertation, University of Namibia). Universidade da Namíbia, Windhoek, Namíbia.

Onguene AN 2023a. Cogumelos dos Camarões. LAP Lambert Academic Publishing. ISBN: 978-620-6-75/120-5, 264p

Onguene AN 2023b. Les Champignons Sauvages du Cameroun: Guide d'identification. Editions Universitaires Europeennes. ISBN: 978-620-669680-3, 273p

Onguene AN. 2004. Alimentação de cogumelos na floresta dos Camarões. Universidade de Wageningen/NWO/IRAD. 24p

Onguene AN. 2004. Alimentação de cogumelos na floresta dos Camarões. Universidade de Wageningen/NWO/IRAD. 24p

Onguene A.N, Kuyper Th.W. 2019. Cogumelos comestíveis selvagens retratam uma distribuição biogeográfica dissimilar nas florestas húmidas dos Camarões. Pesquisa Anual e Revisão em Biologia. 31(4): 1-13, 2019; Artigo n.º ARRB.32472 ISSN: 2347- 565X, NLM ID: 101632869

Onguene AN, Tchudjo TA, Kuyper ThW. 2019. Biodiversidade de macrofungos comestíveis selvagens da floresta tropical do sul dos Camarões. BOIS & FORETS DES TROPIQUES, 338, 87-99. https://doi.org/10.19182/bft2018.338.a31679

Oso BA. 1977a. Mushrooms in Yoruba Mythology and Medicinal Practices (Cogumelos na Mitologia Yoruba e Práticas Medicinais). Botânica Económica 31: 367 -371 (1977)

Oso BA. 1977b. *Pleurotus tuber-regium* da Nigéria. *Mycologia* 69: 271-279.

Purkayastha RP, Chandra A. 1985. In Manual of Indian Edible Mushrooms, International Bioscience Monographs-16, publicado por Today and Tomorrow's Printers and Pub. 24-25, Deshbandhu Gupta Road, New Delhi-110005.

Reid, D.A. (1963). "Registos novos ou interessantes de Basidiomycetes da Australásia: V". Boletim Kew. 17 (2): 267-308. doi:10.2307/4118959. JSTOR 4118959.

Sotomo KH, Tsutomu OY, Lee SS et al. 2009. Estudo taxonómico de espécies asiáticas de *Echinochaete* (Polyporaceae, Basidiomycota) e descrição de *Echinochaete maximipora* sp. nov. Mycological Progress. 8 (2): 123-132. doi:10.1007/s11557-009-0584-6

Singh M. (2011) Mushroom Production: An Agribusiness Activity (Produção de cogumelos: uma atividade agroindustrial). In: MushroomCultivation, marketing and consumption. Eds. Singh M, Vijay B, Kamal S, Wakchaure G C. pp 1-10. Publicado por Directorate of Mushroom Research, ICAR, Chambaghat, Solan-173213 (HP).

Thakur M P. (2014) Situação atual e perspectivas futuras do cultivo de cogumelos tropicais na Índia: uma revisão. *Indian Phytopathology*. 67: 113-125.

Phillips R. 2002. Fungi of Quebec. Guide d'identification. Broquet. ISBN 2-89000-555-0, 336p

Rammeloo I, Walleyn R. 1993. Os cogumelos comestíveis do Sul do Saara. Uma pesquisa bibliográfica. Scripta Botanica Belgica. 5: 1-62

Sakamoto J, Morita S, Oba K, et al. 2006. Cancer Immunol Immunotherapy 55, 404411

Sher H, Al-Yemeni, M, Khan K. 2011. Cultivo do cogumelo ostra (*Pleurotus ostreatus* (jacq.) p. kumm.) em duas zonas agro-ecológicas diferentes do Paquistão. Revista Africana de Biotecnologia, 10 (2), p.183.

Sharma S.K. Atri N.S, Joshi R, et al. 2012 Avaliação da composição de aminoácidos de cogumelos selvagens comestíveis. Revista Académica de Ciências Vegetais 5 (2): 56-59, ISSN 1995-8986 © IDOSI Publications, 2012 DOI: 10.5829/idosi.ajps.2012.5.2.240

Sharma N, Tapwal A, Verma R et al. 2022. Potencial medicinal, nutricional e nutracêutico de *Sparassis crispa* s. lat: uma revisão. IMA Fungus 13:8 https://doi.org/10.1186/s43008-022-00095-1

Shay J.E, Desjardin D.E, Perry B.A. et al. 2017. Biodiversidade e filogenia de *Marasmius* (Agaricales, Basidiomycota) de Madagascar. Phytotaxa 292 (2):

101-149. http://www.mapress.eom/j/pt/ Magnolia Press

Teke N.A, Kinge T.R, Bechem E, et al. 2018. Estudo etnomicológico na floresta da montanha Kilum-Ijim, região noroeste, Camarões. Jornal de Etnobiologia e Etnomedicina. 14: 25. https//doi.org/10.1186/s13002-018-0225-8

Thomas Lx'ssw, Anna Del Conte. 2001. L'encyclopedie des champignons. Edições Bordas. ISBN: 2047600502, 9782047600504. 256p

Tonjock R.K, Ebai M. Tabi A.M et al. 2013. Estudos etnomicológicos de cogumelos comestíveis e medicinais na região do Monte Camarões (Camarões), África). Revista Internacional de Cogumelos Medicinais. 13 (3): 299-305

Tonjock R.K, Nkengmo A, Theobald M et al. 2017. Riqueza de espécies e conhecimento tradicional de macrofungos (cogumelos) na Reserva Florestal e Comunidades de Awing, Região de Norhwes, Camarões. Journal of Mycology, artigo ID 2809239, 2000. https//doi.org/10.1155/2017/2809239

Wasser, S.P. (2002) Medicinal Mushrooms as a Source of Antitumor and Immunomodulating Polysaccharides (Cogumelos medicinais como fonte de polissacáridos antitumorais e imunomoduladores). Applied Microbiology and Biotechnology, 60, 258-274. http://dx.doi.org/10.1007/s00253-002- 1076-7

Yongabi K, Agbo M, Martines-Carrera M. 2004. Estudos etnomicológicos sobre cogumelos silvestres nos Camarões, África Central. Micologia Applicad International. 16(2) : 34-36

AGRADECIMENTOS

Muitas pessoas diferentes deram-me apoio e conforto durante os meus 33 anos de vida profissional. Isso contribuiu muito para a realização deste livro "**Champignons Cultivables du Cameroun**: **Cultiver les champignons avec le carton a la maison**". Gostaria de agradecer, entre outros, às seguintes pessoas: Thomas W Kuyper, Pierre Machiels, Jacob Ayuk-Takem, Joseph Bindzi-Tsala, Louis Leopold Ambassa-Kiki, Moise Mvogo Ekani, Isabelle Andela, Mimboe Therese, Viviane Abomo, Bonaventure Faustin Obono Obono, Veronique Anaba,...

Gostaríamos de agradecer a todos os nossos colegas de investigação e ao pessoal técnico e de apoio do Programa Tropenbos Cameroun.

Gostaria também de agradecer às organizações, institutos de investigação e universidades:

A minha Fundação Holandesa para o Avanço da Ciência (NWO), Agência dos Estados Unidos para o Desenvolvimento Internacional (USAID), Instituto de Investigação Agrícola para o Desenvolvimento (IRAD), Instituto Internacional de Agricultura Tropical (IITA), Centro de Cooperação Internacional em Investigação Agronómica para o Desenvolvimento (CIRAD), Instituto de Investigação para o Desenvolvimento (IRD), Universidade de Wageningen, Departamento de Qualidade do Solo, Universidade do Hawaii em Honolulu, Faculdade de Agricultura Tropical e Recursos Humanos, Universidade Laval, Quebeque, Departamento de Silvicultura e Geomática, Universidade de Dschang, Ecovel Nationale Superieur Agronopique (EnsA, [e]22 Promotion), Agência Canadiana para o Desenvolvimento Internacional (ACDI), Lycee Bilingue de Buea, College Bilingue d'Application de l'Ecole Normale Superieure (CBA) de Yaounde, Ecole Primaire du Sacre-Creur de Mokolo, Yaounde.

MIX
Papier aus verantwortungsvollen Quellen
Paper from responsible sources
FSC® C105338

Printed by Books on Demand GmbH, Norderstedt / Germany